創事紀！創業從 0 到 1，
Fire 老闆，不再當「細漢」

侯群 一 著

START-UP TO MATURITY

初創到成熟

從零開始打造億萬企業

想創業就立刻動手！

所謂「準備」不過是拖延時間的藉口！
詳細實際經驗和理論思考，為讀者提供全面創業指導——

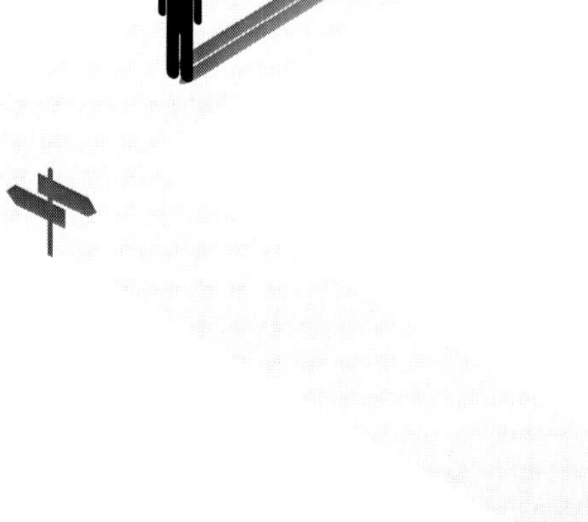

IT'S TIME TO FIRE YOUR BOSS

前言

人人都有一個創業夢，夢想著有朝一日，自己做主當老闆，創造出一番輝煌的事業，光宗耀祖、名垂千古。太多的人，日復一日地做著創業夢，但始終只是一個夢，從來沒有行動。也有些人，奮起而行，投身到創業的大潮流中。

在大眾創業的時代，創業的可見成本已然很低，人人都可以創業，似乎人人都可以圓自己的創業夢。可惜的是，創業本就不是一件美好的事情，至少不是人們想像中的那麼美好。創業的道路崎嶇坎坷、荊棘叢生、陷阱遍布，稍不留神就會掉進坑裡，出師未捷身先死。

對於想要創業的潛在創業者而言，需要清楚創業生態的真實樣貌，了解真實的創業生活是怎樣的，而後再決定是否踏上創業的道路。同時，對於已經在創業路上摸索的創業者來說，若能清楚創業都有哪些階段，每個階段都至少要做好哪些事情，以及做這些事情會遇到哪些問題、如何處理這些問題，那麼他的創業就可能少走很多彎路，繞過很多陷阱，創業成功的可能性也就比較高了。

本書的作者是一名連續創業者，現在還走在創業的路上，有成功也有失敗，有經驗更有眾多的教訓。在本書中，作者從自身創業的經驗教訓出發，向讀者分享自己所經歷的創業心路歷程和對創業這件事的深度思考。

在本書中，作者把創業所經歷的每個階段梳理成一定的參考體系，並指明在創業體系的不同階段裡，都需要做好的基礎工作，以及做這些事情的注意事項。這些事情是作者在創業中做過的事情，或者沒有做而帶來嚴重後果的事情；這些注意事項是作者在做事情過程中所得的建議，以及事後思考所得的建議。本書的各篇章可單獨成文，在創業過程中遇到類似或相關問題時，參考相關的單獨篇章即可；而從整體來看，各篇章又構成完整的體系，可以作為創業入門乃至創業過程中的創業者們的參考內容。

第1章　創業很悲催，三思而行

創業不是想像中的那麼美好。任何一名創業者，在創業之前，都要想清楚自己創業的原因，自己想要從創業中獲得什麼，以及用怎麼樣的態度去面對創業。創業很悲催，隨時面對各種阻礙和挫折，隨時面臨失敗。在邁出創業的第一步之前，一定要三思而行。

第2章　準備差不多，該創就創

創業不能盲目開始，開始之前要做精心的準備。需要找到合適的合夥人，需要找到有前景的創業專案，更要梳理整個專案的商業邏輯，打造企業第一份產品——事業營運計劃。創業也不能無限制地準備，該行動時就要行動起來。

第3章　萬事開頭難，耐心奠基

萬事開頭難，創業更是如此。創業需要組建團隊、建立股權結構、創造業務模式、制定策略、尋找啟動資金。每件事情都需要投入足夠的精力去做，每件事情都要繞開許多陷阱才能做好。在創業啟動階段，要耐心地做好最基礎的事情，為企業後續的發展打下堅實的基礎。

第4章　階段各不同，與時俱進

創業的不同階段，要做的事情以及做事情的側重點都有所不同。在每個階段，都要做好團隊建設、產品開發、市場推廣、策略規劃、現金流與融資把控、資源整合、執行與創新等相關事項，把握不同階段的側重點。創業不是堅守某一個SOP一成不變，而是要與時俱進，隨著企業的發展，不斷地把需要做的各類事情做到最好。

第5章　人企共提升，成人成事

隨著企業的成長，創始人往往會成為企業的「瓶頸」和「天花板」。創業中，創始人每天都會面對陌生的事情，面對各種對自身而言恐懼的事情。隨著企業的發展，創始人要不斷地改變自己，不斷地提升，跟隨企業一起成長。對創始人而言，創業就是一種修行。

1．從實戰中來，到實踐中去，腳踏實地的同時有一定的理論思考本書中的內容，都來自作者在自身創業實踐中的經歷和思考，是從最前線的創業實戰中來的；作者在自身目前的創業中，也在實踐並驗證書中所總結的內容。每一個創業都是獨一無二的，純一線創業實情不足以借鑑；而純創業理論更無法有效落實執行。本書既有實戰的基礎，又有理論的思考，能夠真實有效地借鑑到各自的創業當中去。

2．整體呈完整體系，各篇章又獨立成文

本書在創業階段的劃分上，整體呈完整的體系，內容的組織按照創業的不同階段進行整理。同時，各個篇章又都針對創業具體要做的事情，分享了相對完整而獨立的內容。讀者可以一次性閱讀全書，用於了解創業的整體體系框架以及所有基礎事務；也可以偶爾翻閱其中一兩個篇章，有針對性地了解關注的內容。

3．行文流暢直白，內容深入淺出，適合大眾閱讀

創業本來就是實戰性的事情，本書在記錄創業中需要做的事項與建議時，用淺顯直白的語言進行描述。內容方面，既有實戰內容，又有理論思考，兩者相結合，深入淺出，能讓大眾在閱讀中獲益：

・已經創業的創業人員
・想要創業、準備創業的潛在創業人員
・對創業感興趣的各類人員
・有理想、有抱負的大學生

最後，再次強調：

①創業者要有創業者的心態和狀態，從心態上做好創業的準備，在執行中處於創業的狀態，創業和上班只是一念之間。

②創業者要了解創業都分哪些階段，每個階段需要做哪些事情，這些事情都應該怎麼做。知道大致的階段和做事的方法論，結合具體的創業實踐，才能在創業中少走彎路。

③創業者在創業中要全面關注團隊建設、產品開發、市場推廣、策略規劃、資金與融資、資源整合、執行、創新等，專注於其中擅長的部分，管理那些不擅長的部分，全面掌控創業相關的方方面面。

在本書中，作者分享了自己創業的經驗，同時也記錄了自己在創業中對所遇到問題的深度思考。這些問題，是多數的創業者在創業路上都可能遇到並要著手解決的。作者分享對這些問題的思考，拋磚引玉，希望能對閱讀本書的創業者有所啟發和參考。創業路上，並沒有什麼絕對的方法，但大致的階段和流程是類似的。作為創業者，清楚了解創業都分哪些階段，每個階段要做什麼事情，做這些事情時要注意哪些問題，這對順利創業是十分必要的。這些正是本書希望能夠帶給所有創業者和潛在創業者的最有價值的東西。

創業本無定式，更不可能存在什麼模範教學，只能在實戰中一點點地摸索。本書中的方法和建議，僅是作者一家之言，供創業者在各自獨一無二的創業中借鑑使用。作者受水平所限，難免存有疏漏和不當之處，敬請指正。

侯群

目錄

目錄

Contents

目錄

Contents

目錄

Contents

第1章 創業很悲催，三思而行

1 只是不想平庸一生

這是開篇的第一章，想要寫的是「為什麼創業」這個話題。

人做任何事情，都有做這件事情的目的；即使你說沒有任何目的，沒目的的本身也是一種目的。而要長期做一件痛苦的事情，必須有足夠的動機，才可能堅持下去。

我這麼說，就表明，在我看來，創業是一件很痛苦的事情，頂多算是痛並快樂著吧。我相信，我這麼評價創業，很多憧憬創業的人未必能接受，以為我在誇大其詞。對於這點，我可以理解，我知道他們眼中所看到的創業都是「高大上」的、功成名就的成功者，因為當年我在憧憬創業的時候也是如此。但真正踏足到創業當中，就會發現，創業真的是一件悲催的事情，所有我遇到的創業的人，哪怕是大家眼中的成功人士，也都說創業很悲催。

問題來了，既然創業是件悲催的事情，那麼為什麼還要創業呢？

一千個讀者眼中，有一千個哈姆雷特！哈姆雷特是誰我不知道，我知道的是，我為什麼要去創業，這未必是普適的答案，只是表達我個人的看法而已。

之1　賺錢

我非常可恥的說，我創業的第一目的就是賺錢，雖然到現在為止，我還沒怎麼賺到錢。如果按照經濟學機會成本的計算方法，我其實到現在一直是虧錢的。現在虧，我認了，我想要的是把企業經營到還不錯的時候，自己可以賺錢，能賺大錢。

想賺錢，其實沒什麼可恥的，我越來越這麼認為。

記得最早剛開始創業的時候，我不怎麼好意思說自己創業最為核心的目的是賺錢，怕別人說我太俗，更怕人說我沒理想、沒抱負。

那時我對於創業的理解，就是各種媒體和大咖們在評論創業時常說的，要有夢想，要有理想，要有情懷，活著就要改變世界。似乎創業時，你不沾點夢想和情懷的邊，你的視野就不夠廣，你的格局就不夠大，你就注定無法成功。

於是，我也學著談夢想、談情懷，結果呢？結果是我只知道夢想，只知道情懷，就是不知道怎麼賺錢。因為實在不好意思提錢，也就實在不好意思從客戶的口袋裡把錢賺到自己的口袋裡。如此這般，我創業的下場可想而知，以失敗告終。

經歷了各種風雨的洗禮，我終於可以直言不諱，大聲宣稱：「我創業就是為了賺錢，賺盡可能賺的錢。」

企業的本質就是盈利，就是賺錢，這沒有什麼好忌諱的。在談到學習一門技藝的時候，我們會說我們要盡最大的努力，把這門技藝掌握到極致，每一門技藝都有其極致的表現。如果創業本身算是一門技藝的話，這門技藝鍛鍊到最後的極致就是賺到盡可能賺的錢。所以，創業這件事情做得好，那就是賺足夠多的錢，這是衡量你創業好壞的很重要的一個KPI（關鍵績效指標）。

當然，話說回來，所有賺錢的前提是要合理合法。

之2 自由

理想主義者，以及自由主義者，對自由充滿了無限的渴望。這類人創業，必然有一個目的，那就是追逐自由。很不幸的是，我既有些理想主義色彩，又有些自由主義色彩。

我第一次創業，就是因為實在受不了坐辦公室的束縛，想要自己帶領一支團隊去征戰天下，闖出屬於自己的一番天地，一時衝動就在沒有備好糧草和地圖的前提下殺出去了，結果鎩羽而歸，渾身是傷。

再回企業繼續工作一段時間，又因為忍受不了各種限制，再一次踏入創業的征途。好在這一次做了相對充分的準備，尤其是心理準備，這一次就走得很遠，如今依然在旅途中。

我是一個非常討厭被限制的人，崇尚所謂的自由。然而，我所要的自由，不是沒有什麼人管我，不用遵守任何規矩；我所要的自由，只是去做自己想要做的事情，更確切地講是可以拒絕任何自己不想做的事情。

如果你也跟我一樣，是追求這種自由的話，創業很可能是非常適合你的一種選擇，起碼我現在就覺得創業非常適合我，哪怕我一直做得不那麼成功。不過，我相信，只要對於自己做的事情堅定而篤信，我創業最壞的結果無非是大器晚成。

之3　夢想

也許，我是一個非典型創業者，所以我把「夢想」這個驅動創業的理由放在了第三位。

從對眾多創業者創業動機的統計來看，一般創業的原因主要有以下幾種情況。

(1) 被逼無奈，別無選擇，只好創業。比如一些無業人士，找不到其他更合適的工作，只好自己創業，又因為生活壓力，破釜沉舟，大戰一番，其創業成功的可能性很大。

(2)做一件自己感興趣的事情，做著做著就做出很不錯的事業。這種人也很多，有自己非常著迷、非常喜歡做的事情，做這件事情很容易就潛心研究、樂在其中，也就很容易把事情做到極致，創造出極致，稍微加入一些商業的成分，就是一份很不錯的事業。

(3)對於目前的狀況不甚滿意，想努力做得更好，展現出自己更高的價值。這類人創業，其目標性很明確，獲得更多的功名利祿，獲得更好一些的生活。這類目標屬於錦上添花，自己又有退路，所以成功的機率會偏小一些。

(4)有夢想、有決心去做一番大事業，去改變世界。這個層次就比較高了，因為創業的出發點不是為了自己，而是為了這個世界，這就是毫無私心、一心為公了。公心是一種很強大的力量，既可以像磁鐵一樣吸引人們接近、參與其中，也可以像巨大的磐石肆意碾壓任何有私心的企圖。

目前的創業環境下，第一類創業的人的比例越來越小；第三類創業的人往往會變成某種投機者，投機不成，自然會退回到最初的狀態；整體環境越來越浮躁，能踏實下來專注於把自己感興趣的事情做到極致的人，也越來越少，所以第二類創業的人也不多，好在隨著新生代的崛起，從興趣出發的創業者居然越來越多了；在如今全民創業的大環境下，到處都在談論夢想，都是為了追求夢想去創業。問題是，真的有那麼多的夢想嗎？

說實話，我創業也是想做自己感興趣的事情，也想實現自己的夢想。夢想是什麼？我小時候還有夢想，慢慢地長大了，現在已經不記得夢想是什麼了。我創業的夢想，變成很模糊地帶領自己的隊伍去闖蕩江湖，做出一番事業。是什麼事業呢？不知道。我相信，很多人都跟我類似。我看到很多的創業團隊，不停地談論夢想，只是他們每次失敗後，都會重新換一個夢想，重新追求。在我看來，他們的夢想也是想做出一番事業，而不是具體地完成某一件事情。

我並不是在「黑」夢想，只是有夢想的人太少了，哪怕是做出一番事業這樣模糊的夢想。很多人不知道自己的夢想是什麼，只能去幫別人圓夢。

不管是賺錢，是追求自由，還是實現夢想，願意創業的人，都是喜歡找事做的人，都是不安於現狀的人，否則，只要找個差不多的工作，賺一點差不多的錢，養家過日子都不是很難的事情，何必要忍受巨大的痛苦和風險，跑來悲催地創業呢？

不管是因什麼理由創業，跳進創業大軍中的人，都有一顆不甘平凡、不甘平庸的心。開心是一天，不開心也是一天，為什麼不開心地過一天呢？平庸是一生，不凡也是一生，幹嘛不活得轟轟烈烈呢？

2 走在夢想與現實之間

每個創業者選擇創業，總有他的理由。無論是什麼理由，歸根到底，創業終究是對現實、現狀不滿意、不滿足，繼而奮起而行，做出改變，朝向自己夢想中的世界或者生活前進。

之1 走在夢想中的創業

不管是真的夢想還是假的夢想，如果要創業，多少還是需要一些夢想的。

我承認，剛開始想要創業的時候，我最直接的出發點是賺錢，我也沒有什麼太多的夢想，要說有的話，我只想要出人頭地，做一些很厲害的事情出來。至於是什麼很厲害的事情，我那時候不知道，現在依然不知道。

我在創業當中才發現，夢想是多麼光鮮的一個字眼。不管做什麼事情，腳踏實地、實事求是是必不可少的態度。但是一味地只看眼前具體的事情，而沒有對未來的憧憬，人是堅持不下去的。

這也許是我們的心理機制，我並沒有去深入地研究。當人們陷入眼前的各種艱難困苦的時候，會很自然地從眼前抽離出來，放眼望去，展望未來的美好，頓時會覺得世界一片光明，前景一片大好，相比之下，眼前的這點小困難又算得了什麼？振奮精神，大刀闊斧，一點小小的艱難困苦，一下子就解決了。

這就是夢想帶給我們的力量。沒有夢想，我們就失去了方向，失去了動力，想要長久地堅持下去，真的是很難的事情。

之2　現實的創業是怎樣的

在第一次創業嘗試的時候，我和核心創始團隊就夢想著一個月做出原型，三個月確定產品，半年內搞定天使投資，一年內啟動A輪投資，後面就可以順風順水越做越大。

我們搞了一個多月，原型只做出了草稿圖，可點擊演示的版本也只是剛剛開始。我們夢想著事情會進展很順利，現實中倒也順利，順利地延期，順利地遇到了我們能遇到的一切不順利。我們本也以為這樣一個充滿熱情的創業團隊，可以一起走很遠，只是不到兩個月的時間，大家就因為各種矛盾和衝突，分崩離析。

我第一次正式創業的時候，我們組建了還算不錯的團隊，各方面分析都不該再出現團隊解散的結局，選擇的方向屬於雖然未必發展飛快，但勝在競爭對手不算多，又是我們非常有優勢的領域，我們對未來充滿了信心。我們計劃用一年開發種子用戶（seed user），兩、三年擴大規模，占有一定的市場，站穩腳跟。結果呢？我們花了近兩年的時間，產品的創造才初步過關。

在理想中，創業的過程總是順風順水，一切成就來得就算不理所當然，有點艱難困苦，也該是攻無不克、戰無不勝。可是實際的創業中，有很多的事情，即使非常努力，也沒辦法達成，很多時候對於初創的企業來說，每一個關卡都是生死之關。一不小心，企業就死掉了。

真實的創業，路上到處都是必死之局的陷阱，創業的路上就是要戰戰兢兢、如履薄冰，走一步看一步，要想活下去，就要繞開所有的陷阱，不能現在就死掉。

之3　創業是走在夢想和現實之間

創業要立足於現實，走向夢想。

創業就要接受現實創業的真實的樣子，接受現實創業充滿了艱辛困苦，接受現實創業並不那麼高尚。立足於現實，腳踏實地，一步一個腳印，慢慢地去努力，慢慢地去打拚，先活下來再謀求發展。

創業也要憧憬未來創業成果的美好，作為一個夢想，一盞指路明燈。

創業既要低頭踏實走路，也要偶爾抬頭看方向。創業就是這樣不斷地徘徊在夢想和現實之間。

3 想要什麼就得到什麼

有朋友問：「我想創業，應該做些什麼呢？」

我問他說：「你想要什麼呢？」

他回答說：「我不清楚，所以才來請教你的。」

我告訴他：「你自己都不清楚你想要什麼，就不要著急創業了！」

跟做所有的事情一樣，創業想要成功，是需要累積的，需要長期的累積。要有所累積，就要圍繞著一個點付出努力，長年累月把所需的資源聚攏在周圍，把想要的結果吸引到周邊。

之1　吸引力法則的故事

什麼是吸引力法則？所謂吸引力法則，指當思想集中在某一領域的時候，跟這個領域相關的人、事、物就會被吸引而來。

對於一些科學主義者而言，吸引力法則是不能稱為定律的，因為它並沒有什麼科學的公式，甚至也沒有什麼科學證據，只是我們在工作、生活中會發現這種現象：想要一件什麼東西，或者想到一個什麼人，不久後就會得到這件東西，或者在不經意間就碰到這個人。

對此也有些心理學上解釋，人們一旦將心智關注於某事物上，其認知視野就會被限制在此事物上，很容易看到跟此事物相關的事物，就好像人們戴了一副有色眼鏡，看什麼都會跟其關注的事物是相關的，久而久之就會在此事物上採取行動，慢慢地得到或實現此事物。

所以，你想要什麼，就要正面地去謀取，讓自己過濾掉其他無關事物，獲取與你想要事物相關的資訊，散發出來的氣場，會吸引與你想要的相關的事物出現在你的周圍。

創業也是如此。你確立你想要做什麼，制定了發展的方向和目標，專注其中，一門心思為之努力奮鬥。累積一段時間，就會發現，越來越多的相關資源經過篩選後，聚集在自己周邊，資源越豐富，企業經營越容易，成功的可能性越大。

吸引力法則，看著很像唯心論，沒什麼科學成分。這沒有關係，經營企業從來就不是追求科學，人們的生活需求也不僅僅是什麼科學。只要能為使用者帶來價值，能讓企業產生利潤，是不是科學，這並不重要。

之2 自我實現預言

創業者都是自我實現的人。什麼是自我實現呢？

在現實生活中，如果一個人對另一個人懷有某種期望值，這種期望值將會（不自覺地）引導著這個人對另一個人的行為，這一系列的行為將最終導致另外一個人也朝著這個原先的期待值前進，最後這個預言得以實現。這就是自我實現預言，這種自我實現預言不管是用在自己身上，還是用在他人身上，都是有效果的。

比如一個人說「今天我可能過得很糟糕」，這會改變他今天的行為，於是他的行動就又驗證了這個自我預言。這也許是種無意識的舉動。而另一個人也許會用積極的方式驗證自我實現預言，「我今天會過得很棒」，也許他今天的積極舉動就會驗證自己的預測。

又比如，一個人喜歡另一個人，也真心認為他會喜歡自己，這個人的行為方式、態度表情就會因為喜歡而發生變化，而這些變化會作為一種微妙的信號傳遞出去，影響了自己喜歡的人的行為和態度，最後發現自己喜歡的人也喜歡自己，自己預言的事情成真，得到了自己想要得到的東西。

創業者就是每時每刻都在踐行自我實現預言的人。創業者對自己有強烈的信心，堅定地相信自己能做成轟轟烈烈的大事，為之付出，為之努力，最終果然做成了一番事業。同樣，創業者對自己的專案有強烈的信心，對團隊成員也有強烈的信心，傳遞到團隊成員當中，激發團隊成員的信心和鬥志，不斷地改善和提升專案，不斷地提高團隊的戰鬥力，結果呢？團隊變成名副其實的好團隊，專案變成人人追捧的好專案。

在自我實現預言方面典型的代表就是馬雲。我看過資深媒體人李翔對馬雲的採訪，李翔問馬雲是不是學過演講，馬雲回答說他沒有學過演講，他只是%兩百地相信自己說的話。因為對於自己的話語毫不懷疑，所以講出來的每句話都是鏗鏘有力的，傳遞出來的情緒也是堅定而有感染力的，人們會受其傳遞出來的情緒影響，認為馬雲講的是對的、講的很有水準。馬雲演講如此，他經營企業也是如此。當初他吹了很多牛，多數他堅信的吹牛最後都成真了、實現了。

我創業的過程當中結識了很多的創業者，在他們身上都有這種自我實現預言的效應。實際上，每一個創業者都是在踐行這種自我實現預言，因為創業者做的多多少少都是有所創新的事情。創新的事情，就要創業者首先在頭腦中想像出來是什麼，堅定地相信它，而後才是歷經千辛萬苦各種磨難又不放棄的堅持，最終實現了自己的預言。我自己也有這樣的經歷，做一件創新的、需要一定堅持的事情，但凡自己對於自己、專案和團隊有一絲懷疑，事情成功的可能性就會大大降低。

所以，對於創業者而言，要對自己毫無懷疑，相信自己想要什麼，就能夠實現什麼。

之3　你想要什麼，你清楚嗎

無論是利用吸引力法則去吸引資源，還是利用自我實現預言去實現自己內心想要創造的東西，最核心的在於你要清楚你想要什麼，而且要長久而堅定地專注於同一個目標。

無論是吸引力法則，還是自我實現預言，都需要一定時間的累積。不清楚自己想要什麼，就沒有一個可專注的點來吸引相關資源；不長久而堅定地專注一個點，就沒辦法靠時間累積，慢慢地在這個點周圍累積出一定的成果。

這就是人們說的：只要你知道自己想要什麼，全世界都會為你讓路。也就是說，只要你知道自己想要什麼，全世界都會幫你。人們多是助人為樂的，人們也都準備著去幫助他人，但前提是人們得知道他人想要什麼、需要什麼幫助。如果你都不知道你想要什麼，那麼就沒有人能夠幫助你。

之4　怎麼去實踐「想什麼就得到什麼」

清楚自己想要什麼，也堅定而長久地立志，想要吸引力法則以及自我實現預言法則發揮作用，還有一些小技巧可以參考使用。

1．用正面肯定的方式確立你想要什麼

用正面肯定的方式確立你要什麼，而不是用否定的方式來確立。

比如用「三個月內做到產品使用者規模超過一百萬」，替代「三個月內做到產品使用者規模不低於一百萬」。

話語的意思是一樣的，但是前者著眼點在於「超過」，後者的著眼點在於「不低於」；也就是說，前者吸引的是「超過」，後者吸引的是「低於」；結果呢，前者容易達成設定的目標，後者吸引到的最後往往是「低於」一百萬，實現不了目標。

2．用視覺化加強對想要目標的刺激

把想要目標的文字描述，具象成視覺化的圖像或影片，越詳細越清楚越具體，那麼目標實現的可能性就越大。如果目標已經具體到好像就在眼前，唾手可得，那麼實現起來就輕而易舉。

做專案的時候，用甘特圖（Gantt Chart）的方式把專案進度影印出來，貼到辦公室的牆上。專案有進展時，隨時更新進度。用這種具象的方式，讓專案的進展生動地展現在眼前，那麼專案按照進度順利執行，自然在情理當中。

3．把想要的目標融入到日常當中，隨時在自己周邊出現

健忘是人們的天性，再堅定而專注的目標，許久不出現在自己的周邊，也會被忘記，跌落在塵埃當中。所以，要把自己的目標，融入到自己的日常生活與工作當中，隨時在自己的周圍出現，隨處可以看到自己的目標，讓自己時時刻刻記住自己的目標，每分每秒浸泡在自己的目標當中。如此這般，自然會每時每刻都能吸引實現目標所需要的資源，到一定程度，目標自然就會實現了。

4．把你所想要的目標傳播出去，自然會有人幫助你去實現

如果一個目標是你真心想要實現的，你要大聲地告訴全世界這是你的目標、你的夢想。一方面，讓全世界知道你的目標，是對自己的一種鞭策；另一方面，把你的目標告訴全世界，那些有資源可以幫到你的人，才有機會幫到你。

把你想要實現的目標傳播出去，自然會發現有人有資源可以幫到你，也自然會發現一些人願意幫助你去實現你的目標。

之5　想要什麼企業就得到什麼企業

你想要從事什麼行業，你很可能就踏入這個行業。

你想要經營一個怎樣的企業，你也很可能就經營出來怎樣的企業。

你想要你的團隊是什麼樣子，你的團隊往往就會變成什麼樣子。

你想要你的企業成功，只要心中有對企業成功堅定不移的信心，你的企業往往就會經營得很成功。

在很多創業的研究中，對成功創業者的特質做總結，一般都會提到「正面積極、富有熱情」。因為積極正面、富有熱情，這些創業者會堅定地相信他們一定能把事情做好、一定會成功，於是他們真的做好、真的成功了。這就是吸引力法則、自我實現預言發揮了作用。

你想要什麼就得到什麼，你想要怎樣的創業生活就會獲得怎樣的創業生活。

你想要的是什麼呢？

4 創業和上班只是一念之間

注冊一家公司，未必就是創業；自己當老闆，帶領一幫員工，也未必就是創業。很多注冊了公司、有一幫員工的老闆，看起來是自己在創業，實則是為那幫員工工作。創業和上班只是一念之間，一念之間創業變上班，一念之間上班也可變創業。

之1 創業的狀態應該是怎樣的

創業至今，有很多人問我一些關於創業的問題，其中有兩個問題會被經常問到。

第一個問題是：你創業過程中有沒有想過放棄？什麼情況下會放棄？

第二個問題是：你覺得創業和上班工作有怎樣的區別？

對於第一個問題的回答，我會在其他的篇章裡提到。在這一章裡，我重點給出我對第二個問題的回答。

在一個創業小圈子裡，有一位創業中的大姐，精力非常充沛，經常忙碌到晚上十二點，第二天一大早就起床忙各種各樣的事情。更加誇張的是，她經常在週六日或放假的時候，抱怨假期太長，沒有人配合她一起工作。在她的頭腦當中，其實沒有什麼節假日，也沒有什麼加班或休息的概念，沒有什麼事情她就想辦法去做些事情。這位大姐不是什麼工作狂，只是熱愛工作，在工作中能獲得更多的平靜和樂趣，工作對她而言就是一種休息和娛樂。更關鍵的是，所有的事情是她主動要做的，是她的熱情所在。

我想，這位大姐的狀態就是一種創業的狀態，起碼是我認為的一種很棒的創業的狀態。雖然我還做不到如同大姐這樣精力充沛，能夠把工作當作休息和娛樂，但我創業一段時間後，個人狀態還是發生了很大的變化。

創業一段時間之後，我以前公司的同事見到我，對我的評價是我的狀態與以前有很大的差別。我自己也明顯地感覺到自己的工作狀態跟以前有很大的差別，最大的差別在於——以前上班時，每天早上醒來，頭腦是空空的、茫然的；現在自己創業，每天一早是被各式各樣想要做的事情給叫醒的，一身亢奮要做各種事情，要把專案往前推進。

有人對創業的狀態做了一個很文藝的描述：創業時，每天是被夢想叫醒起床。

之2　上班也可以是創業

創業是一種狀態，更是一種心態。

開一家公司並不一定就是創業，這年頭注冊一家公司實在是太容易了，只要花幾千元，找個代理公司，一兩週就能注冊完成。公司注冊完成之後呢？公司只是創業的表象，只因為多數商界的創業最終走向了公司的形態，讓大家以為創業就是開一家公司。這只是一種誤會而已。創業，不是創建一家公司，而是創造一份事業。創造一份事業，不在乎是不是創建一家公司，任何以事業心態、創業心態去經營的事情都是創業。只要擁有創業的心態，上班也可以是在創業。

那麼，什麼心態是一種事業心態、創業心態呢？我認為起碼有以下三方面的心態。

1．自我負責的老闆心態

做任何事情，不管別人是不是讓自己為這件事情負責，自己都要把自己當成這件事情的負責人，都抱以認真負責的態度把它當成自己的事情去做，這是一種老闆的心態。老闆的心態，不僅是為事情負責，也是為自己負責。

雖然老闆心態會讓自己承擔更多、付出更多，但對自己而言鍛鍊也更多，預期以後各方面的收益也更多。

2．積極主動的進取者心態

去創業，就是要作為一個進取者，積極主動地去做與目標方向相關的各種事情。沒有人驅動你做什麼事情，也沒有人為你安排具體的工作，你為了追逐一個夢想，實現一個目標，你自己積極主動地去承擔責任、去做事。

與此相對的，是消極等待別人給自己安排工作，安排一些工作就做一些事，不安排工作就不做事。如果是這種心態的話，即使是在創業當中，比如當所謂的合夥人或創始人，也只是一種上班族的狀態。

3．自負盈虧的經營者心態

經營者，對結果負責，承擔結果成敗帶來的盈虧。做事情的時候，也要從經營者的角度去考量，事情應該怎麼去做才能獲得盈利，而不是虧損。

對我們多數人而言，我們的第一份工作就是我們的第一次創業。我們離開學校，踏入社會，摸索自己未來的事業方向，第一份工作就是我們的第一次嘗試。從這時開始，我們起碼要樹立自己做自己人生老闆的念頭，要積極主動地探索自己人生的道路，以及對自己人生的盈虧負責。

有了這樣的心態，無所謂是在公司上班，還是自己去經營一家企業，自己都是在創業——你的人生，是你這一輩子最大的創業，成與敗完全看你自己！

創業者是積極主動的，是獨當一面的，是自我驅動型的；上班是被動的，不願獨當一面的，是被動型的。雖然同樣是在工作，創業者是為自己而做，上班族為別人而做，只因為這一念之間，就有了創業者和上班族的重大差別。

5 創業與生意形似神不似

全民創業的時代，人人都有自己的專案，人人都有自己的公司，人人都張口閉口創業。我有些納悶，這麼多公司，都是新創公司嗎？這麼多專案，都是新創專案嗎？

有些創業者，看到別處的麻辣火鍋生意不錯，就在所在的城市中某條街道也開一家麻辣火鍋店，別處的麻辣火鍋怎麼做，他也怎麼做。周邊客源還可以，他的店開得也還不錯。

有些創業者，發現城市裡的人找不到放心食用的安全生鮮食品，聯合一些生態農場，打造綠色健康的生鮮食品，透過線上商城、線下門市的方式把生鮮產品銷售給需要的使用者。

這些創業者所做的事情，算不算是創業呢？原則上可以算，但是兩者從概念上又有所區別。後一個創業者做的事情，是我們概念中所認為的創業，而前一個創業者所做的事情更像是一種生意。

究竟什麼是生意、什麼是創業呢？這兩者之間有怎樣的聯繫，又有怎樣的區別呢？

從上面的例子當中，我們可以看到這兩者有很多相似的地方，如無論是線下開店，還是做線上的電子商務，都需要投資，都要做經營，都要獲取收入，最終都要獲得盈利。經營過程中，都需要各種職務的人員，都有團隊合作，都有團隊管理。最為相似的，往往是兩者都有公司實體。既然都有公司，如何說一家公司是做生意，另一家公司是創業呢？

同樣看上面的兩個例子，我們憑直接感受就能區分出兩者的差別。前一個例子中，我們感覺創業者是做生意，他所做的事情是複製別人已經做過的、並且已成功驗證的事情，而且之所以做這件事情，其目的就是賺錢。而後一個例子中，我們會認為創業者是在創業，因為他找到了一個問題，探索一個解決方案，驗證一個模式，所做事情的出發點在於解決問題。

創業和做生意最為本質的差別在於一個「創」字。何為「創」呢？就是做一些別人沒有做過的事情，做一些新的東西、新的事情。既然是別人沒有做過的新的東西、新的事情，就要有個摸索、創造的過程。少了這個過程的商業，都應該稱為生意。

從這個概念上講，創業發展到最後，都會轉變成生意。所有的創業，在經過前面的摸索、驗證的過程之後，就要開始複製，這些複製往往就是生意的模式。我們講，新創企業在經過一系列的發展之後，終於上市或者變成成熟企業，我們就不再稱為新創企業了，如各大網路龍頭、各類上市公司，它們所處的階段更多的是做生意的階段。

也有些情況，企業一開始只是做生意，隨著生意做得越來越大，面臨的問題也發生了變化，為了解決這些問題，就需要探索和嘗試，慢慢地一門生意變成了創業。例如在網路上開家賣衣服的小店，本來在網路上已經有很多的服裝店鋪了，你只是複製一家而已，即使你賣的衣服跟其他家不一樣，生意的本質也是一樣的。隨著店鋪生意越做越大，你要為更多的客戶供貨，你要解決更多客戶面臨的問題，你創建了一個品牌來維護客戶對你產品的信任，於是你的生意就變成創業了，你做的是服裝行業的垂直市場（Vertical market）。

所以，從上面的分析來看，創業與生意之間，是形似神不似的，它們之間多少有些差距。我們可以用這麼一個公式定義它們之間的關係：創業＝生意＋X。X是個因子，這個因子就是創造、創新，尤其是商業模式上的創造與創新。當X因子由大變小時，是創業轉變為生意的過程；而X因子逐漸變大時，則就由生意轉變為創業的模式。我們創業，對產品和模式進行摸索與驗證，是努力讓X因子逐漸變小，我們則是努力地把風險極大的創業，轉變為風險較小而能夠賺錢的生意。

創業和生意之間有了這麼一個X因子的本質差別，所帶來的兩者之間的外在表現的差別也很大，如下。

(1) 生意追求賺錢，創業追求事業。做生意的目的就是賺錢，創業最終的結果是一門生意，也是要賺錢，但是它的出發點是解決一個社會問題，展現出自己的社會價值，這就是一份事業。

(2) 生意講究的是複製，創業追求的是創新。生意是沒有那個X因子的，往往選擇一個現有的、已經被別人驗證過的模式，可以直接複製過來使用，能直接帶來效果；創業是有個X因子，是別人沒有做過的、新的事情，要創造新的產品、新的模式，並要測試新產品、驗證新模式，逐步消除X因子。

(3) 生意著眼短期盈利，創業追求長期回報。做生意，產品和市場都是成熟的，直接複製即可，短期內可以產生收入並盈利。創業由於X因子在，要開發新產品、驗證新模式，再進行市場推廣，需要在很長週期之後才能看到盈利。

(4) 生意做加法，創業做乘法。生意因為複製成熟產品和模式，只能一個一個地複製，一點一點地賺錢；而創業的X因子一旦突破，X因子就會變成乘號，以乘冪的方式進行複製，迅速擴大市場，也以乘冪的方式賺錢。

總的來說，生意是有章可循的，有現成的經驗可以借鑑，風險要小一些，賺到錢更容易些。創業需要解決問題，需要創新，沒有太多可借鑑的經驗，面臨著較大的風險，要賺到錢相對難一些。所以，有個笑話說，但凡稱自己在創業的，基本上都是在賠錢的；但凡說自己做生意的，基本上都是在賺錢的。這也可以算創業和生意的差別之一。

先不管什麼創業或生意，為何有那麼多的創業失敗了呢？原因就在於創業中的X因子太大了，甚至在於創業者太關注那個X因子，而忽略了創業中的生意的部分。很多時候，公司活下來就是一種成功，為此，創業也不妨縮小或去掉X因子，先做成一門生意，也是一種不錯的選擇。

6 創業很悲催，三思而行

之1 創業的幻想與現實

這是一個萬眾創新、萬民創業的時代。人們紛紛離開原來蝸居之所，走上時代的舞台，長袖善舞，演出一台以自己為主角的大戲。

一部部的大戲，有著美好的開頭，卻不知道會有怎樣的結局。

創業，並不是一件新鮮事，在人類文明長河中可算隨處可見。如今被推上風口浪尖，似乎是因為我們現在更了解創業，對創業充滿了更多的幻想。

我們多數人想創業，是認為創業能夠快速賺大錢。我們看到很多的故事，甚至有自己周邊的人，創業之後，短則幾個月，長則一兩年，鹹魚翻身，窮鬼變富豪。無論是邏輯論證還是事實驗證，創業似乎都是合法發家致富最有效的途徑，沒有之一。

我們幻想創建自己的商業帝國，在自己的帝國中擁有至高無上的權力，於是我們一聲令下，公司眾人眾志成城、劍鋒所指、所向披靡，感覺上我們似乎無所不能，只要是自己想要做的事情，都可以輕易實現，至於什麼改變世界、改變生活之類，也自然不在話下。

有錢又有權，就可以擺脫做上班族時，一天到晚被綁在座位上，不能隨心所欲地做自己想做的事情，不能掌控並享受自己的生活的狀況。我看到很多創業成功的人，似乎他們都可以睡覺睡到自然醒，做任何自己想做的事情，這種狀態是我最初創業時的追求。

有錢、有權、有閒，是我在創業之前對創業的幻想。我知道，是有一些人真正出於信仰和情懷而創業，對這種創業，我心中充滿了崇敬之意。但我相信，我並不孤獨，有很多的創業者對創業也有與我類似的幻想。

只是，真正的創業世界，是我們所想像的樣子嗎？其實不然，我所知道的真實創業世界並非如此。

作為白手起家的創業者，在創業的世界裡，我也闖蕩了幾年，先後經營了兩家新創公司。我所看到的是，有些創業者在創業成功之後，確實有錢，權力也有一些，但更加沒有閒了；而多數仍在創業中的創業者，以及創業失敗的創業者，其世界則跟我們想像的完全不同。我就是創業進行中的一員。

先說有錢。就我個人而言，創業之後，無論是否有投資，自己都只會從公司裡拿很少的錢甚至不拿錢，要依靠自己以前的積蓄生活。這種狀態也許會持續很長時間，直到公司到達一定的階段，如A輪投資或者B輪投資的時候，自己才會從公司裡拿較高一些的薪資。至於身價，只是個數字遊戲，在沒有變現之前，都是虛無縹緲的。

再說有權。在組建自己的團隊之後，自己確實能夠在團隊裡有很大的話語權。只是團隊不是一個人，有合夥人，有員工，自己做決策時需要考慮合夥人、團隊成員的意見和情緒。尤其在初始組建團隊的時候，為了維護團隊的穩定，很多時候不得不改變自己的想法，接納團隊人員的意見。再往後，投資進來後，還要受到投資人約束，受到董事會和股東的約束，等等。權力會有一些，但也會如上班時一樣，受到各種制約和平衡。我想，這是人類組織中的一種常態吧。

至於有閒，簡直就是痴心妄想。自創業以來，我基本上沒有任何週末和假期。每天下班之後的時間，也都在忙於各種沒完沒了的事情。作為創業者，作為公司的創始人，你只能在別人都休息了之後才有休息的可能，常說的工作和生活平衡，基本上是不可能的，因為在創業者的生活中只有工作。同樣的觀點，我看馬雲在其演講影片中提到過，我跟很多其他創業者溝通時，也聽他們反覆地說過。我相信，這是大多數創業者的共通性。至於創業成功的人，我看到的是，他們也沒有閒下來，身上有更多的責任，每天的行程更滿。

這就是我所知道的創業世界的情形，雖是一家之言，但也反映了一些實情。

之2　我們要去了解真實的創業世界

真實的創業究竟是怎樣的呢？是你幻想中的那麼美好，還是如我上文中提到、我看到的那般悲催？別人說的都不可信，更不重要，重要的是你要透過自己的方式去了解自己接觸的真實的創業世界，得出你自己的判斷，再決定是否要堅定地創業。

有很多方法，可以讓你更全面、真實地了解創業世界。

1．多角度了解創業的資訊，成功的和失敗的

成功的創業資訊隨處都可以看到，大致看一下即可，沒有必要深究。很多有關成功創業的文章，更多是該新創企業用來做公關的業佩文，放大了成功，縮小了失敗。

那些失敗的故事，沒有媒體去寫，只有當事人在各種角落裡記錄著自己的慘痛教訓。要透過網路搜索引擎、社群論壇、通訊軟體群組等，去查找那些失敗的案例，了解那些失敗的故事，能更完整地看到創業的全貌。

2．去創業的社群、商圈，與創業者交朋友，傾聽他們真實的創業故事

創業大潮洶湧澎湃，有超多的創業社群、社交圈，你可以走進其中，去接觸真實的創業者，與創業者交朋友，與他們進行交流，傾聽他們真實的故事，看看他們眼中的創業是怎麼回事。

一兩個人的觀點、故事也許有所偏頗，接觸足夠多的人的話，總可以看到這些人的觀點、故事的共同之處，這些就會映射創業世界中最真實的東西。我說的悲催，就是我接觸的成百上千創業者，他們都反覆提到的一點。只不過，他們會說，悲催並快樂著，這也是創業的樂趣之一。

3．去新創公司實地查訪、實習、工作，體驗真實的創業

條件允許的話，你可以到一些新創公司去查訪。現在很多創業社群，經常會組團去一些新創企業參訪，你可以多參與這樣的活動，走進這些新創公司，就能夠看到這些新創公司的真實狀態。

如果願意，你也可以找一家新創公司去實習或工作，這樣就可以切身地感受到真實的新創公司是怎麼運作的，是什麼樣的狀態，更可以親身體會到創業是不是真的很美好。

事實上，如果你是第一次創業，我更建議你先去一家新創公司裡實習或工作，先去了解創業的真實狀態，學習怎麼創業，累積一些創業的感覺。等到自己有創業的感覺，也知道該怎麼做時，再去創業也不遲。

4．兼職嘗試創業，親身實踐真實的創業

如果以上的方法都還無法讓你確定真實的創業是怎樣的，你還可以利用你的業餘時間兼職嘗試創業。

雖然是兼職，也需要你真槍實彈地去戰鬥，需要你完全用創業的狀態去做事，體驗真實創業的痛苦和快樂，承擔真實創業的成功和失敗。

因為是兼職，你嘗試創業的風險不會太高，讓自己可進可退，最主要的是親身實踐真實的創業，徹底地了解真實的創業究竟是怎樣的。

之3　三思而行

我堅持我所下的判斷，那就是創業很悲催。

但我並不想強加我的觀點給任何人，我反覆地建議你要自己去觀察、了解和實踐，給出自己的判斷。不管是什麼判斷，那都是屬於你的，你要為自己負責。

創業很悲催，是否創業，要三思而行，你需要考慮方方面面。

1．三思而行，你要怎樣的生活和人生

創業不是一兩天的事情，需要持續幾年、十幾年，甚至一生。這麼長的時間，它一定會改變你的生活，甚至成為你的生活，貫穿你整個人生。

你知道了真實創業世界是怎樣的，一旦開始創業，你就會如同你所了解的真實創業世界裡的創業者一般去面對類似生活。

公司從始至終總是處於資金不夠用的狀態，作為公司老闆，你要到處找錢渡難關；公司事務繁忙，別人可以休息，你還得繼續各種忙，一天工作十二個小時都算少的，更不用說什麼週末和節假日，個人的業餘愛好也因為缺少時間不得不放棄；沒有太多時間陪伴家人，要面對他們對你的抱怨；與親朋好友的聚會，你露面的次數也會越來越少，漸漸地他們會把你遺忘；同學聚會，你也許是賺錢最少的、發展最差的，看他人高談闊論，你只能在一邊默默地端坐；公司隨時都會遇到各種各樣、大大小小的困境，你要忍受長期處於一種擔心害怕、焦躁不安的焦慮狀態，絞盡腦汁想辦法解決公司困難……

類似以上的情形，是你在創業中每天都會碰到的，直到創業成功。好好想清楚，這樣的生活和人生，是你想要和願意承受的嗎？如果答案不是堅定而肯定的，就不要輕易地開啟你的創

業之旅。

2．三思而行，你要對成功堅持而堅定

創業從來就不是一件容易的事。創業很悲催，成功機率很小；機率很小還是會發生，只是你要能堅持到它發生的時候。

某種程度上，創業的本質就是堅持，在任何狀況下都要想辦法堅持活下去，活下去就有希望。等到別人死了，自己還活著，創業就成功了。說到堅持，我有一個朋友的創業經歷就是個很好的例子。

這個朋友二〇一二年開始創業，做的方向是H5。在二〇一二年，H5（指第5代HTML，也指用H5語言製作的一切數位產品。HTML是「超文本標記語言」的英文縮寫）還是個新鮮的事物，未來發展方向怎樣誰也不知道。那時，各方都在觀望H5的發展，投資人也是如此。他的專案初期很難拿到錢，只能用合夥人一起集資的方式苦苦支撐下去，最窘迫的時候，曾經嘗試願用十萬元讓出公司10%的股權，結果依然沒有人理會。但不管怎麼窘迫，他們都咬牙堅持，就這麼一天天地熬過去，一點點堅持下來。現在，他們的專案已經融資了幾千萬元，估計市值好幾億元。如今看來，也是小有成就了。

創業成功是需要堅持的。創業途中，每時每刻都可能出現讓你放棄的困境，幾乎讓人覺得凡事一帆風順就沒有創業的感覺了。面對隨時出現的困境，你憑什麼堅持下去呢？如果你要創業，你要自己找一個創業的理由，自己找一個非做不可的理由，自己找一個堅持下去的理由——任何時候，都絕不輕言放棄。

找到這些理由，堅信這些理由，堅持這些理由。

3．三思而行，做出選擇就要堅持下去

無論你的理由是什麼，可以是為了一夜暴富，可以是為了心中的夢想，也可以是改變自己和家人的生活狀況……無論是什麼，一旦找到了理由，一旦做出了選擇，你就必須堅持下去。你心中的堅持，是最美的東西——即使在別人的眼中是一堆垃圾。你自己選擇的路，跪著也要走下去。

選定自己的方向和專案，遇到怎樣的困難，都要堅持走下去。誰也不知道未來會怎樣，誰也不知道選擇的路最終會走向哪裡。不管怎樣，都要走到結果出現，要嘛成功，要嘛失敗，只有這兩個選擇。當結果出現的時候，你能感覺到它們的到來，不管成功或失敗，都將是一個新的開始。

創業如此，生命中任何事情都是如此。

做好了吃苦的心理準備，找到了堅持的理由，選定了創業的方向，就要馬上開始了嗎？我的建議是先等等，讓時間去驗證這些準備究竟是一時的心理衝動，還是理性的抉擇。

人是感性的動物，衝動很容易成為我們決策的動力，衝動是魔鬼，一時衝動帶來的往往是後悔和懊惱。所以，在做好了初步的準備之後，不妨把創業的想法和衝動先放一放，等待一兩個月甚至更久一些，讓這些想法和衝動沉澱與發酵。在一兩個月之後，如果依然對創業念念不忘的話，那麼就放手一搏吧。

創業很悲催，你要三思而行；三思而後，堅定前行；堅信自己，堅信自己的選擇；堅持下去，堅持到結果出現。

第2章 準備差不多，該創就創

1 創業需要準備什麼

常言說「準備是成功的保證」，又說「機會是留給有準備的人的」，還說「磨刀不誤砍柴工」。這些說法，都強調了準備的重要性。

如果這些說法是正確的，那麼跟其他所有事情一樣，創業也需要做好準備，才能更有成功的可能性。問題是，創業需要準備什麼呢？

之1 創業不需要準備什麼

跟一位網友在網路上聊天，這位網友在職業發展上有些迷惑，希望我能給一些建議。

這位網友迷茫於今後道路的選擇，他跟我說：「我有些迷茫，我想創業，但是又想著再學點東西，比如考個研究所或者 MBA 什麼的。」

他接著又說：「工商管理一直是我想學的東西，但是學費又太貴，幾十萬的學費，差不多可以用來做一個小專案的前期投資了。」

「總之有些迷茫，我不滿足現在的狀態，想再學點東西，因為我現在年齡已經不小了。但是，身邊的同學都不太贊成我考研究所或者讀 MBA，不如多學點技術準備創業。」

我問了一下這位網友的年齡，他告訴我他二十五歲，這麼年輕，居然說年齡已經不小了。如果是我還在這個年齡的話，我肯定立刻做出選擇，那就是創業。我以自己真實的感受，給出我的建議：「我建議你稍做準備，就去創業。」

立志要創業的話，二十五歲這個年齡是很適合的。但是，這位網友對於我的建議有疑問：「我覺得我還沒有做好創業的準備。」

我問他：「你覺得創業需要做什麼準備呢？」

他想了想，回答我說：「我覺得，需要有經驗、有人脈、有資金、有技能、有信念……」

我笑了笑，告訴他說：「我在創業之前，想法跟你也差不多，也以為創業要做好各種準備，我也為此在一些大企業裡工作了好多年，認真地準備。但是，當我踏入創業的領域裡，我發現我以前做的準備根本沒有什麼用，所有的事情我都要從頭學起、從頭來過。所以，我覺得創業不需要什麼準備，你想要創業，那就行動起來。」

之2 人們說的那些創業準備是沒用的

我碰到好多想要創業的人，都會跟我講創業需要做這樣、那樣的準備，要在各種條件具備的情況下創業，就如上述那位網友說的，要有經驗、有人脈、有資金、有技能、有信念等。只是這些東西，在創業當中真的有用嗎？

1．經驗

在企業裡工作，獲得的是工作的經驗，而不是創業的經驗。工作和創業所需要的經驗是不一樣的。

以管理經驗為例，在大公司裡的管理經驗跟創業帶領團隊的管理經驗是兩回事，其核心關注的焦點是不一樣的。

在大公司裡，你作為管理階層，管理團隊，更多的是做進度管理，只要帶領團隊把事情做好就可以了，至於團隊人員激勵之類的並不是你能負責的。而你自己創業帶團隊，除了要帶團隊把事情做好之外，還要看重團隊的激勵、團隊的維護等。

當你從一個不管團隊成員拿多少錢的第三方，變成一個要發錢給團隊成員的老闆的時候，你和團隊之間的關係就發生了天翻地覆的變化，對於團隊管理的方法也隨之發生很大的不同。

況且，建立創業團隊是從無到有的過程，這個過程是相當難的，也是核心團隊建設最關鍵的階段，這個階段基本上在大公司裡你是體驗不到的，在大公司裡你需要向上司、人力部門提出自己要什麼人、要多少個，剩下的就是他們的事情了，你只要等著人員到位即可。你自己創建團隊時候，所有事情要親力親為，還要考慮團隊組成帶來的成本、團隊成員的專長配合、團隊穩定性等，這些都需要創業時在實戰中摸索，並沒有什麼放之四海而皆準的框架可以使用。

2．人脈

只有老闆才有真實的人脈。大意是，在大公司裡工作時，人們是透過你身上的標籤，看到你背後的公司資源。在大公司裡工作，你不可能累積真正有效的商業人脈資源，你認識的那些人脈，僅僅是認識的朋友，很難成為能幫你做生意的人。只有當你成為老闆時，你才能累積屬於你的人脈。

當然，你在工作時，也可以嘗試把自己當作老闆來累積一些人脈，只是這種人脈並沒有什麼針對性。而你要成就你的創業，就需要在你的創業方向上做累積，包括人脈的累積，累積到一定程度，你才可能取得成功。

所以，與其在大企業裡工作，用各種手段累積一些不精確的人脈，不如馬上行動去創業，在創業當中去累積你的人脈。

3．資金

多數的新創企業，都處在資金缺乏的狀態。創業團隊在創業過程中，一直要做的工作之一就是創造現金流或者融資，維持公司的經營。而維持一家公司經營的資金量是巨大的，不是一個白手起家的創業者個人能夠維持的。除非你是富二代，有足夠的錢，否則在創業當中所需要的錢，不是自己工作累積的一點錢能夠滿足的。

與其靠自己工作累積一點資金，不如想辦法用少量投資快速創造大量現金流，或者去融資以利用資本。這種利用別人的資金、借用別人資源的能力，是創業當中更重要的能力，要比自己累積的一點點資金重要得多。而這種能力，也需要在創業實戰中去磨煉。

4．技能

工作生涯學到的東西對創業基本上是沒有用的，因為兩者的角度不同、思考方式不同，得到的經驗體會也不同。工作幾年後你唯一獲得提高的是工作的技術技能，而創業最不需要的就是技術技能了。多數創業中需要的技術技能，你都可以透過僱用擁有技能的人來解決，你所需要付出的只是錢，而凡是用錢可以解決的問題，都不是什麼難題。

創業所需要的技能，主要有幾個方面：

①你對於目標的具象化能力，你能想像出來你們要做什麼，以及怎麼做；

②獲取幫助、借用並整合資源的能力，讓別人幫助你把事情做成，借用別人的資源、整合相關的資源，從而把事情做成；

③找人和組團隊的能力，你能找到合適的人，組建有戰鬥力的團隊，帶領並維護這個團隊跟你衝鋒陷陣，一起征戰天下。

5・心理

信念不是能憑空想出來的，而是在實戰創造出來的。對於所謂的心理的準備，其目的是什麼呢？是想提前做好心理上的準備，這樣才能夠在創業中，靠著很厲害的信念指引，從而無往不利、所向披靡，在創業中少走彎路，獲取創業的成功？

我這幾年的創業經歷告訴我，創業的路必然是彎的，沒有任何人是準備充分的，也沒有什麼很厲害的信念可以引領我們走捷徑。我甚至認為，除非你夠幸運，否則不經歷幾次失敗的創業，很難成功經營一家企業。我們看那些成功的創業家大致上都是如此。

所以，如果你想要創業，而且想清楚了，那就立刻行動起來去。不用去想著什麼去工作、去做準備。因為工作幾年之後，人們普遍會因為各種生活變化、壓力變化而喪失了創業的熱情，喪失了「初生牛犢不怕虎」的勇氣，喪失了不怕失敗、不怕磨難的堅忍，會越來越沉湎於工作的企業之中難以自拔，到後來創業的念頭只是一個念頭，深埋於內心的某個角落，成為人生永久的遺憾。

之3　你需要準備的是一顆創業者的心

人們常說的那些有關創業的準備是沒什麼用處的，但這並不意味著我們可以什麼都不準備就魯莽地上戰場了。我認為，你如果想要創業，就要準備好一顆創業者的心。

1．確立你的創業方向

創業跟人生一樣，要有明確的方向，才能有針對性地累積，從而盡早獲得成功。只有確立了你想要什麼，你才能得到什麼。你創造怎樣的事業，才可能得到怎樣的事業。創業方向也不是漫無目的、天方夜譚的，可以是夢想，但不能是幻想。考慮到自身的能力、預期可調動的資源、預期可獲取的幫助，制定一個跳起來可以搆得到的目標。

2．對你的目標要堅定

創業需要累積，而且是要有針對性地累積。所有的創業都要三五年時間的累積，量變引發質變，產生快速的發展之後，才可能有所成就。在創業的過程中，要對於既定的目標要有堅定的信心，不因為一時的挫折和困難而三心二意，掉轉船頭換方向。

創業從來都是不容易的，而我們又容易在一條賽道上看別的賽道上的企業跑得快，很容易動心切換到別的賽道上，但每一次切換，都是對資源和累積的極大浪費。若非得已，不要輕易地改變自己的方向。這就需要創業者對自己企業既定的方向有一顆堅定的心。

3．堅持你的方向

對目標的堅定，與對方向的堅持，是相輔相成的。創業不是一蹴而就的，即使對於專案的目標有了堅定之心，也要做好心理準備，創業是一場持久戰。在這樣的持久戰過程中，最需要的能力就是堅持。堅持朝向目標前行，面對各種艱難困苦堅持走下去，面對各種挑戰而堅持不放棄，面對生死難關堅持著活下去……不論什麼情況，都要堅持下去，直到成功。

在一條擁擠的賽道上，堅持是獲勝的不二法門。其他競爭對手都放棄或者死掉了，只剩下包括你在內的少數幾家企業，那你就成功了。走到最後，擁擠的賽道不再擁擠，你用堅持拓寬了自己的道路。

4．放下所有心態上的包袱

創業從來都不「高大上」，那些「高大上」都是人們後來自己包裝或被別人包裝出來的。創業中，面對各種意料之外、情理之中的艱難困苦，你需要用各種可能的辦法去解決。只要能讓企業走下去、活下去，只要能獲得自己想要的結果，自己身上所有那些不那麼重要的包袱，都可以丟棄，比如尊貴的身份、高傲的性情，還有什麼地位、面子，乃至一些莫名其妙的自尊心，沒有什麼是不可以放棄的。

如果你不願為了獲得最後創業成功，而放棄那些對你來說不那麼重要的東西，那麼你對於成功的渴望就是不強烈，你對於目標不夠堅定，對於結果不夠堅持。這樣的話，創業是有可能失敗的。一旦你有失敗的理由，失敗一定會出現。

5．勇敢面對失敗的心

很多想創業但不敢創業的人，往往是害怕失敗。就如前面提到的那位網友，在跟他溝通時，他也提到對於失敗的恐懼：「只是有些失敗一旦發生，可能就再也起不來了，這是很可怕的。」問題是，有什麼失敗會讓你再也起不來呢？有人一生經歷了多少起起伏伏，在八九十歲的時候，依然可以東山再起。我們其實沒有什麼理由說我們失敗之後就起不來。

以創業而言，失敗幾乎是必然的，只要你心中有一點失敗的理由，這個理由幾乎就一定會出現，最終你的創業會失敗。創業，就是在失敗的沼澤泥潭當中，找到那一條幸運之路，僅此而已。所以，創業中，每時每刻都在失敗。失敗意味著你在嘗試，你在往周邊的沼澤泥潭伸出你的試探之腳，試幾次、失敗幾次之後，你就可以找到前行的路。沒有失敗的話，要嘛是你走在運氣之巔，一路好運伴隨；要嘛就是你從沒有嘗試，困死在原地。

面對創業，失敗沒有什麼好怕的，失敗只是在嘗試尋找成功的道路，僅此而已。只要自己對於失敗的後果沒什麼不可以接受的，失敗也就沒什麼不可以接受的。失敗就失敗了，大不了從頭來過。

所以，要走過創業的泥潭，就要勇敢地面對失敗，不斷地嘗試，不斷地出錯，試著試著就找到彎曲的成功小道了。堅持走下去，走著走著，就成為成功的康莊大道。

之4　要創業，瞄準一個方向創起來就好

創業沒有那麼複雜，不需要準備什麼經驗、資金、人脈、技能或者什麼信念，你只要有一顆創業的心，找到一個你喜歡的方向，凝結一個你熱衷的專案，「創」起來即可。

在創業專案的執行中，你會遇到困難，你會需要資源，這是創業的常態。在克服困難的過程中，尋找資源的過程中，就會磨煉出你創業所需要的技能，吸引你創業需要的資源。你所需要的、你所想要的，都可以在創業前進的過程中，吸引並聚集到你的身邊來。

這也是吸引法則和自我實現預言定律發揮作用的地方。你要在行動中、前進中，把自己變成一個巨大的黑洞，把你需要的人、財、物等各種資源吸引進來，這就夠了。

2 先找人還是先找專案

有了創業的衝動，準備好了創業者的心，也瞄準了一個自己喜歡方向，這只是剛剛開始，萬事皆不具備。需要尋找到一個切入點，切入到創業的軌道中，一點點為創業的啟動做準備。

之1 創業是要先找人組團隊，還是要先找專案

創業行動起來，初始階段，最重要的是要做幾個方面的事情。

(1) 找專案。瞄準一個方向，找到一個專案。
(2) 找人。找到可靠的合夥人，組建核心團隊。
(3) 找錢。找到專案啟動的種子資金，啟動專案。
(4) 找資源。找到專案啟動和經營所需要的其他各種資源。

我接觸過很多團隊，也見過很多的創業專案，這些團隊和創業專案的形成各有特色，並無定式。

有些創業，是先組建一個團隊之後，然後針對團隊的特色去找一些專案。我最近接觸了一個創業團隊，他們原本是一家公司的團隊，後來團隊的主要成員想要自己創業，就拉了其他幾個人一起出來創業。他們從原來公司離職出來之後，並沒有十分明確要做的專案，只有一些大概的方向，現在他們就在團隊能力所能及的範圍之內去做探索，想盡早確定一個專案。

有些創業，是創始人自己有明確的專案想法，甚至做出了一些產品的雛形，而後想正式經營起來，就去找志同道合的人，也許是同學，也許是同事，也許是同鄉……找到對自己專案感興趣、願意投入進來一起承擔風險的人，組建核心團隊，推動創業專案的進展。這種創始人先有專案再組建團隊的方式，是創業中最為常見的。我們常在各種報導中看到的，某某創始人在一張餐巾紙上做了一份事業營運計劃（BP）就拿到巨額投資的故事，大致就是這種創業模式。

那麼對於我們剛剛開始踏入創業領域的人而言，到底是要先去找人組建團隊再尋找專案，還是先尋找到一個專案再組建團隊呢？

也許我們的第一步，既不是找人，也不是找專案，而是找夢想。

之2 從頭開始創業的第一步是找夢想

找夢想，就是要尋找到你想要做的一個方向，想要在這個方向帶給社會、團隊乃至自己怎樣的改變。找夢想和找方向是類似的，只不過找夢想偏向於高雅層面，而找方向偏向於務實層面。

若你有一個很厲害而可靠的夢想，你想要實現這個夢想，從而給這個社會帶來改變，讓團隊獲得財富，讓自己功成名就，你就可以用這個夢想去找人。把你的夢想傳播出去，那些認可你夢想的人，就會聚集到你的周圍，你也可以用你的這個夢想去說服那些你想要納入你旗下的優秀的人物，就如當年賈伯斯用一句「你是想賣一輩子糖水，還是想要改變世界？」成功挖角百事可樂的總裁約翰·史考利一樣。

當然，你有一個很厲害的夢想，從你的夢想出發去演化出一個可靠的創業專案，更是順理成章的事情。如今，做具體的專案、具體的事情容易，抱有一個很厲害、可靠、吸引人的夢想是很難的事情。很多人是沒有夢想的，他們只能幫助那些有夢想的人實現他們的夢想，並以此作為自己的夢想，而這些人並不知道自己沒有夢想。這就是當下的現實，是當今教育帶來的悲劇。

周星馳在電影裡說：「人沒有夢想，跟鹹魚有什麼區別？」那麼問題來了，如何尋找你的夢想呢？

經常地、反覆地問自己幾個問題：

(1) 確立人生定位：想要成為怎樣的人？

(2) 確立人生使命：自己活著是為了什麼？

(3) 確立人生價值：自己生命最重要的是什麼？

(4) 確立人生興趣：自己這輩子最喜歡做什麼？

反覆不停地向自己提問，讓自己回答這幾個問題，不斷地深入，你會漸漸地明白自己的方向。在回答這些個問題的過程中，要不斷嘗試新事物，在嘗試過程中，不斷開闊自己的眼界，站在不同的位置、不同的高度來看待自己，會更加清楚自己對什麼有興趣、什麼對自己而言更重要、自己活著想要幹什麼、自己最終想要成為一個什麼樣的人。這個過程是呈螺旋狀上升的，夢想也是在不斷變化的，並不是達到了一個高度，就如一尊雕像一般固定在那裡了。夢想成為雕像，人也就成為「鹹魚」了。

當上面的這些問題漸漸有了清晰的答案，你的夢想也即將在不遠處實現。在那之前，我們要上下求索，即使過程很痛苦。一時沒有夢想並不可怕，可怕的是我們沒有去尋找夢想的勇氣，以及沒有為尋找夢想而付出行動和努力！

在史丹佛大學的畢業演講會上，賈伯斯提道：「你必須去尋找自己所愛。對於工作如此，對於你的戀人也是如此。你的工作將是此生的主題之一。要獲得真正的滿足感，就要對它的價值深信不疑，也只有熱愛，才可能開創偉大的事業。如果你現在還沒有找到，那麼繼續找，不要停下來，全心全意地去找，當你找到的時候你會知道的。就像你找到注定的伴侶後，歲月的流逝只會令你們的感情愈發深刻。所以千萬不要氣餒，不要放棄。」

勇敢地追尋夢想，不要氣餒，不要放棄。

之3 如何尋找一個可靠的專案

有了夢想，就可以靠夢想去吸引人，尋找可靠的合夥人，與你一起戰鬥。關於找人的討論，我放在下一節專門討論，因為人的重要性怎麼強調都不為過。這一章節，重點在於討論如何透過夢想去尋找一個可靠的專案。

夢想只能給你指引一個方向，你需要把夢想具象化成一個專案，一個可靠的專案。有些人很清楚地確定要做一個怎樣的產品，圍繞產品形成一套商業模式，構成一個專案。也有很多人，雖然有夢想，但是不知道在這個夢想所在的領域裡，該怎麼具象化成一個專案；或許不是不知道怎麼具象化成一個專案，而是想要做的太多，不知道該怎麼選擇比較可靠。

究竟該如何尋找一個可靠的專案呢？我的建議是分兩步走。

首先，如無頭蒼蠅亂撞一通。

把蒼蠅裝進一個瓶子裡，瓶底朝著陽光，我們會發現，這對蒼蠅沒有什麼影響，蒼蠅會在瓶子裡一通亂撞，撞著撞著就不小心找到正確的道路，從瓶口飛了出來。

我們在一個領域裡，不知道做什麼可行，那就如同瓶子裡的蒼蠅，亂撞一通，什麼都去嘗試，小步快跑、不斷地嘗試，試著試著在某個時候，我們就找到方向了。

當然，這種錯誤嘗試法並不是沒有一點章法的，要遵循實現定好的一定的策略，遵循試錯的經驗教訓，朝向我們分析下來認為最可能的方向，這樣才能夠縮減嘗試的時間成本，盡快找到可行的、可靠的方向。

其次，像蜜蜂一樣，專注於一個方向。

如果把蜜蜂裝進瓶子裡，蜜蜂的表現就跟蒼蠅完全不同。蜜蜂會很有方向性地朝著有陽光的瓶底撞去，不停地撞擊，直到撞到頭破血流。

一旦我們透過蒼蠅的方式，找到了一個或幾個可靠的方向，我們就需要從中做出選擇，瞄準一個方向，就要透過蜜蜂的方式，專注於這個方向，執著於這個方向，死命地往前衝，直到結果出現，要嘛成功要嘛失敗。

成功自然好，失敗也沒有什麼可怕的，無非再來一遍蒼蠅模式和蜜蜂模式而已。

對於所找到的專案，遵循一些特色，會增加成功的可能性。

(1) 專案要是自己很感興趣的，自己熱情所在的；自己不感興趣的專案，做起來沒什麼熱情的專案，一定不要嘗試。

(2) 專案一定要在自己熟悉的領域內。不熟不做，尋找的專案與自己過去的從業經驗、技能、專長和興趣愛好越吻合，越有內在和持久的動力，成功可能性越大；雖然現在有所謂的「跨領域」，那也是創業者用自己熟悉的東西，到一個新的領域內，打擊那個行業裡的參與者，並不完全是新手。

(3) 自己最好有相關的資源可以從事該專案；自己有一定的資源累積，可以快速地啟動專案，並能夠在專案執行中充分地利用自己的資源，自己可以掌控的資源是最可靠的資源，雖然可以借用別人的資源，但還是用自己可控的資源成功率高一些。

(4) 專案最好順應時下潮流和趨勢。在普遍賺錢的行業裡，你做得很差，你賺錢的可能性也很大；在明顯不怎麼賺錢的行業裡，你做到第一，也未必能賺多少錢。尋找的專案要在市場需求裡，適應潮流和趨勢，更容易借勢而行，取得成功。這很現實，我們的專案最好是順風而行，能被風吹起來，走得將會更快一些。

(5) 作為創業，專案一定要是有所創新的專案。沒有創新，除了賺錢，基本上，跟夢想就沒有什麼關係了，這樣的專案就不是一項創業專案，而是一門生意。跟夢想沒有什麼關係的話，你選擇做什麼，都無所謂。

以上幾點，最為重要的是第一點，不管怎麼樣，你要選擇的專案一定是你的興趣所在，一定是你的熱情所在。有了這一點，即使自己不熟悉，也可以在短時間內很快熟悉；即使沒有資源，也可以下苦功尋找相關資源；即使不是潮流和趨勢，也可以耐心等待趨勢到來，甚至創造趨勢；即使本身沒有什麼創新性，相信你那麼感興趣，那麼富有熱情，總可以做出一點不一樣的東西來。

專案選定了之後，剩下的就是執行了。長長的征途，剛走出了第一步。路途艱辛而遙遠，大家要努力、努力再努力。

3 像找戀人一樣找合夥人

現今社會，任何一項專業知識，都已經分化得相當精細。我們每個人只能在一個或少數幾個細分的領域裡做到專業。如此情境下，想要做成一件事情，單靠孤軍奮戰已然不可行。要讓事情成功，就要有一個可靠的、有戰鬥力的團隊。

所有的事情，歸根到底，都是人的事情。因此，在一個創業專案中，最為核心的資源就是團隊，或者說是核心人員，尤其是創始合夥人。在創業專案正式啟動之前，要找到自己可靠的合夥人，組建自己的創始團隊。

之1 合夥人的重要性

人的重要性，怎麼強調都不過分。《天下無賊》裡，黎叔說：「二十一世紀什麼最貴？人才！」

在現在分工越來越精細，每一細分的領域所需知識和技能越來越專業的情況下，一個人越來越難以成為全才，能在少數的一兩個領域裡成為專家就已經很不錯了。而任何一門創業或生意，又很難是純粹一兩個領域的知識技能就能涵蓋的，需要多個領域的知識技能一起才能打造出一門可靠的創業或生意。如今，已經過了一個人單打獨鬥闖天下的時代，需要團隊合力作戰。創業，也需要一個創始的團隊一起合作，利用各自不同的專業技能一起把生意這塊「蛋糕」做大。

所以，現在創業必然要去找合夥人，組建創始合夥團隊，組團創業。尋找合夥人，組團創業，能帶來以下幾點好處。

1．不同的合夥人帶來不同的技能和資源

沒有技術能力的創業者，就會強烈地希望找到一個技術合夥人；沒有市場經驗或管理經驗的技術型創業者，自然會希望找一個在市場或經營方面有很強能力和資源的合夥人。

不同方面的合夥人加入創業團隊中，自然會為團隊帶來不同方面的技能和資源，讓整個創業團隊在資源和技能方面得到完善。

2．合夥人性格各有不同，創業團隊抗壓能力更強

一個人承擔所有的壓力，總有狀態不佳的時候，被壓力壓垮的風險就很高。而幾個合夥人組成的創始團隊，同時狀態不佳的情形出現的機率比較小，整個團隊的抗壓能力就比較強。

不同的合夥人組成一個團隊，就好像不同的線擰成一股繩子，只一兩條線斷了，其他的線還在，整條繩子依然可以持續使用。

3．合夥人思考問題時方式多樣，團隊決策正確機率更高

做決策時，如果獲取資訊更全面，思考的角度更多，決策正確的機率就會更大。多個合夥人組成的決策團隊，每個人思考的方式是不一樣的，整個團隊對於一個問題的看法就會很多樣，思考問題的角度更多，關於問題獲取到的資訊更全面，從而團隊做出正確決策機率也就更大。

既然合夥人那麼重要，而且多個合夥人組成創業團隊，能給創業帶來重大的好處，那麼該如何選擇合夥人，尤其是創始合夥人呢？

之2　合適合夥人的六點標準

合夥人很重要，選擇合適的合夥人組建團隊，能讓整個團隊發展更加穩定、團隊的戰鬥力更強。但合夥人如果選不好，也容易造成一系列的問題，比如帶來團隊效率低下、團隊內部矛盾較多、團隊不穩定等問題，會為以後創業的發展埋下隱患。因此，在選擇合夥人時，要慎之又慎。

尋找合夥人講求的是合適。根據創業者自身的技能特性、性格特性、專案的特性等去選擇適合創業者及其專案的合夥人。沒有最好的合夥人，只有最合適的合夥人。

在尋找最合適的合夥人的過程中，要對合夥人候選進行全面考察，關注以下幾個重點。

1．目標一致，志同道合

你的合夥人要跟你要目標一致、理念一致、價值觀一致等。無論是在產品、技術、市場等方面思路一致，還是在發展的策略戰術上看法相同，大家只有志同道合，才能凝聚成一股力量，在創業的路上亦步亦趨，有信心和決心把堅持下去，有熱情實現夢想。

「道不同不相為謀」，古訓誡不欺人。在夢想層面、目標層面，大家如果並不是很一致，對於這件事情的看法也不相同，即使一開始因為利益關係走到了一起，在後面專案發展過程中，遇到艱難困苦或取得一些成就時，也會因為夢想、理念的分歧而產生矛盾，最終爆發出來。我們見到很多創業專案的失敗，就是創業的征途走到一半時，創始合夥人因為分歧而分家最終分崩離析。

尋找合適的合夥人，最重要的一點是要目標一致，志同道合。這一點是基礎，如果這一點做不到的話，後面提到的其他的條件再完美，也沒有任何意義。

2．技能互補，頻道相同

這裡說的技能互補，是指合夥人要能與創業者在工作能力、專業技能、性格特色、社會資源等方面各有所長，形成互補，這樣才能夠取長補短，讓整個團隊的能力沒有明顯缺點，從而發揮出更多的力量。對團隊而言，創始人如果在技能和資源方面有大量的重合，其實是一種很大的浪費。

所謂互補，其實就是各有不同。不同性帶來團隊的豐富性，但是在講求不同性的同時，還要追求頻率的相同。

所謂頻率的相同，主要是在做事方式、溝通方式、看問題的層面等，合夥人要保持在一個頻道上。否則，很容易造成做事方式的衝突，溝通不暢以及大家對於問題理解的差別，這些都會對團隊的穩定以及對於專案的發展產生很大的負面影響。我失敗的生鮮專案，就是因為跟合夥人在做事方式、溝通方式上的不同，造成了不可調和的矛盾，最終無法合作下去。

3．積極主動，獨當一面

創業者尋找合夥人，就是希望把某一方面的工作，全權交給合夥人去處理，各自去專注於自己擅長的部分。這就要求合夥人積極主動，具有獨當一面的能力。否則，合夥人跟一個員工有什麼區別呢？

前文探討創業和上班之間的區別時就提到，創業者和上班族之間的差別只在一念之間，就看是否會積極主動，就看能否獨當一面。

創業者是自我驅動型的，要主動地發現問題、解決問題；上班族往往是被動型的，被動地接受解決問題的指令去解決問題。我們尋找的創始合夥人，就應該是創業者，是要積極主動、獨當一面的。而這裡說的積極主動、獨當一面，首先是心態層面要積極主動，願意去獨當一面，願意承擔獨當一面的責任；其次是能力層面上要有足夠的技能去獨當一面。

無心無力，不能成為合夥人；有心無力，也不能成為合夥人。只有有心有力的人，才能成為合適的合夥人。

4．品性要好，人要可靠

談及品性，談及可靠與否，給人感覺很空泛，而且是短時間內難以評判的。虛歸虛，難歸難，這也是非常重要的一個評估標準。

一位朋友的創業團隊裡，有一位合夥人，他們在創業理念和目標上是一致的；這位合夥人的銷售技能也是我這位朋友所需要的；這位合夥人也足夠積極主動，顯示出來的能力也是可以獨當一面的。專案運行半年之後，這位合夥人就被踢出了團隊，原因很簡單，這位合夥人人品不那麼可靠。

專案當中與銷售相關的事情交給這位合夥人去做，這位合夥人口頭上說都沒有問題，一定搞定，可實際上每件事情都沒有做好。對問題做評估時，這位合夥人還總是找藉口，好像都不是他的問題，都是客觀條件的問題。沒辦法，我朋友的創業團隊只好把這位合夥人剔除出局，但也因此付出了慘痛的代價，專案該有的成效沒有做出來，預期該出來的數據被拖延到很晚。

我這位朋友的這位合夥人人品還不算太差的，還有一些創業團隊合夥人人品差到為了自己的利益，偷偷摸摸地做一些嚴重損害團隊利益的事情。這就不舉例了。選擇一個合夥人，一定要對這個合夥人的人品做考量。不可靠的人，即使各方面能力都很強，也不能引入創業團隊中，因為這類人是一顆定時炸彈，不知道什麼時候就會把團隊炸得粉碎。

5．顧全大局，團隊優先

團隊合作是對於一般有凝聚力團隊的團隊成員的要求，對於創始合夥人的要求不限於此，而要有更高的要求。

合夥人要有團隊合作的精神，既然是合夥人，就是要跟人合夥做事情，獨行俠是不能稱為合夥人的。然而，在任何團隊裡，都必然會面臨個人利益和團隊利益相衝突的情景，這時候對合夥人的要求是顧全大局，以團隊利益為先。

事實上，一個真正人品可靠、聰明智慧的合夥人，自然是以團隊利益、公司利益優先的合夥人，他很清楚，如果團隊利益、公司利益得不到保障的話，自己往往也無法獲得有保障的個人利益。做不到這一點的人，要嘛是人品不可靠，要嘛就是不夠聰明，無論是哪一點，都不足以成為合夥人。

6．腳踏實地，不斷學習

事業是做出來的，不是說出來的，創業團隊要一起腳踏實地、吃苦耐勞地打拚，才可能取得創業的成功。創業團隊中的每一個合夥人都應該是務實、踏實、能吃苦的創業好夥伴，有了這樣的夥伴們，何事不成呢？

隨著創業專案踏入正軌，新創公司會快速地發展。有一個說法：網路上，三個月即是一年。這足見網路上創業發展速度之快，這對創業團隊及其每一個團隊成員的學習能力提出了要求，要求每一個人都不斷地學習，跟隨團隊快速發展的腳步。那些沒有較強學習能力、不願不斷學習的人，跟不上公司發展的速度，終將被公司的快速列車所拋棄。

所以，創業團隊在選擇合夥人時，也要考量合夥人的學習能力，學習能力不夠強的人，就不能成為合夥人。因為合夥人加入團隊，一般都身居要位，拿著較高回報（股權、薪資等），他們若學習能力不強，跟不上公司發展，還不願讓位的話，就很容易「占著茅坑不拉屎」，拖公司的後腿，影響公司的發展。雖然合夥人可以在發展中進行更換，但每次更換，都無異於企業的一次大變動、大出血，嚴重時甚至會造成企業的分崩離析。

以上這六點是我認為選擇合夥人必須考量的六個方面，是我經過了一些失敗之後做的經驗總結，有些跟多數的創業者或者投資人的說法是一致的，有些是我自己的觀點，供大家創業過程中選擇合夥人參考。

這六點考量，是有一定邏輯的。看一個合夥人，首先看是否跟自己同心同德；其次看他是否跟自己互補，能否跟自己談得來；再次看他能力如何、心態如何，是不是願意獨立、主動地做事，一起擔負起「養家餬口」的重任；又次這人人品是不是可靠，會不會偷奸耍滑，只追求自己的利益，不考慮團隊的利益；最後看這人能否跟自己、跟團隊一起發展，不能一起走下去的，必然會分道揚鑣。

看看這個邏輯，是不是跟談戀愛一樣呢？找戀人，無論你們是在人群中突然四目相交迸出愛的火花，還是透過朋友介紹漸漸地相熟相知，或者是透過什麼相親介紹走到一起，只要你們想要長久地在一起，你們都要考慮：兩個人是不是願意一輩子在一起？是不是能夠談得來？生活上的事情是不是各字負擔一部分？人品是不是可靠，不會搞什麼「劈腿」或外遇？是不是以家庭利益為重？能不能兩人一起成長發展？

說一句題外話，我朋友裡有好多人離婚，我觀察他們離婚最核心的原因在於他們在認知上發展速度不一樣、發展層面不一致，他們已經沒辦法在一個層面上對話了，離婚是很自然的事情。

之3　如何去尋找合適的合夥人

尋找合夥人，就像尋找戀人、尋找伴侶一樣。我們用什麼樣的方式尋找戀人、伴侶，就可以借鑑來尋找合夥人。

前面提到過戀人的幾種來源，比如在大街上一見鍾情，比如透過朋友介紹，比如透過一些相親服務認識等。相對比較可靠的，是透過朋友介紹這種。其實，創業找合夥人也是如此。

創業找合夥人，很難在大街上碰到什麼人就一見鍾情，但可以在一些有關創業的交流會議上，碰到一些跟自己理念相同或相近的人，一聊之下，相見恨晚、一拍即合，立刻合夥做生意。

創業找合夥人，也可以透過一系列的線上線下工具來找，現在做這類生意的社群、APP（手機軟體）也很多，可以到上面去查找想要的人，進行聯繫、溝通、交流，看是否能一起合作創業。

最為常見的找合夥人的方式，是透過朋友介紹的方式，也算是創業的「相親」。這種介紹，未必真的是有個什麼人來介紹，就像許多自由戀愛的人，只是在朋友聚會上認識一樣，創業「相親」也可以是在一些朋友的聚會上，透過朋友的朋友互相認識，在後來的日子裡，慢慢有了合作的意向。

當下創業的情景裡，合夥人發現的途徑往往是「五同」——同學、同鄉、同事、同行、同道。尤其是前三個，是我最常見到的創業合夥人來源。「五同」解決了一個當下環境中普遍缺失的東西，那就是信任。

西方國家講究的是契約精神，一旦簽訂契約，大家對於契約多數是發自心底遵守的。華人不一樣，自古以人治為主，靠的是關係。與一個陌生人合夥做生意，人們心底是設防的，因為防人之心不可無，你擔心這個陌生的合夥人會做出什麼不可靠的事情來。於是，為了能夠很好地合作下去，就要建立信任關係，需要花很長的時間、很大的成本。

華人創業找的合夥人基本是「熟人」，或者是「熟人」的熟人。這樣有信任背書，又有人際關係的紐帶做約束，不用在建立信任和信任風險管理上花費太多的時間和成本，創業自然容易走得快、走得穩。

尋找戀人講究緣分，尋找合夥人也同樣講究緣分，所以無論是用什麼方式尋找合夥人，都不能心急，都要慢慢地等待，好好地考量。如同戀人一般，要長久相處，就不能有任何勉強，合夥人也要一開始就選擇最合適、最滿意的，有任何一絲的勉強，都會成為未來創業「婚姻」生活中的斷裂點。

所以，像尋找戀人一樣，去找屬於你的情投意合、志同道合的創業合夥人吧。

4 精心創造創業金點子

奇虎 360 的董事長周鴻禕對於商業模式有個概括，他認為商業模式就是：你用什麼樣的方式，為怎樣的使用者，提供怎樣的產品，使用者在使用產品過程中獲得怎樣的使用價值，而你在這整個的活動中，獲得怎樣的商業價值。

我很認可這個概括，常用這個框架來思考專案和商業問題。

當你找到了合適而可靠的合夥人，也瞄準了方向，甚至找到了具體的專案，接下來就要馬上啟動專案了嗎？我原本也是這麼認為的，甚至也是這麼做的。

我在做我的生鮮專案的時候，先是看到了一個不錯的生態農場，確保了生鮮產品貨源的問題，進而轉化為一個生鮮專案。我當時跟生態農場的老闆也相處得不錯，在理念上、想法上都是一致的，乍一看也算找到了合適的合夥人。在人和專案都齊備的情況，我很快就做出了啟動專案的決定，就烈火烹油、繁花似錦一般地注冊公司、組建團隊、決定企業VI（視覺設計）、注冊商標等一系列的事情。等到做完很多事情之後，我才發現，有不少事情和問題，我們並沒有考慮清楚，我們做的這些可能是一種浪費。

有哪些事情和問題我們沒有想清楚呢？其實就是基礎商業模式。簡單地說，我們並沒有考慮清楚：我們的產品是什麼？我們的客戶是誰？我們怎麼找到我們的客戶？客戶為何買我們的東西？我們怎麼賺到我們想要賺的錢？

這幾個問題，對於任何的專案都需要考慮清楚，尤其是前面四個問題。最後一個問題，對於純網路企業來講，可以放到之後的階段再考慮。這個問題其實就是如何變現。純網路的專案，往往關注的是解決前面四個問題，考慮使用者量和流量。一旦有了使用者和流量，變現只是方法和時間的問題。

我的生鮮專案就是沒有考慮清楚基礎商業模式：沒有弄清楚我們的產品是什麼，我們就嘗試了餐飲、淨菜，最後做到了生鮮電商；沒有弄清楚我們的客戶是誰，從所有的人，到追求健康的人，最後到了母嬰群體；沒有弄清楚怎麼找到我們的客戶，從餐廳的推廣，到網路上的購買流量，到最後與母嬰類社群合作；沒有弄明白客戶為何買我們的東西，從產品原生態，到好吃健康，到最後只強調細節賣點，例如無刺。

整個過程，我們花了七八個月的時間才搞明白我們的產品、客戶定位、推廣手段和獨特價值。這七八個月過去，耗費了時間不說，也耗費了我們大量的成本，讓我們後來經營時面對巨大的資金壓力。在資金壓力之下，我與合夥人一些隱藏的理念和做事方式的差異被放大，最終導致我們散夥、公司停止經營、專案失敗。

在初步選定了專案的方向，找到了一定數量的、合適的合夥人之後，不要著急啟動專案，創業團隊要對創業專案的基礎商業模式進行深入的研究。

之1　我們的產品是什麼

多數新創企業的出發點，是我們要做一個怎樣的產品。這個產品可以是實體產品，可以是虛擬物品，可以是網路上的工具，也可以各種線上或線下的服務，等等。

對於產品，我們需要關注產品的外觀、功能、技術實現等，這些是使用者直接能看得到、用得著以及用起來舒服與否的。這些還不夠，更進一步，我們要關注，我們的產品能給使用者帶來怎樣的價值，也就是為使用者解決怎樣的問題。

所以，產品並不應該是企業的出發點，企業的出發點應該是我們的使用者是誰，我們能為他們解決什麼問題。

之2　我們的使用者是誰

創業故事的開端，應該是這樣的：我們發現有一群人，這些人面臨著一個困擾他們的問題，他們想解決這個問題但是解決不了，於是我們就做出一款產品，幫助這些人解決了這些問題。這些人有感於我們對他們帶來的價值，為此掏腰包付款。於是皆大歡喜，這些人解決了問題，我們賺到了錢。

我們在考慮設計我們的產品時，要清楚我們為誰設計產品，他們是什麼樣子的，他們有什麼特色，他們具備怎樣的屬性。我們要根據這些人的形象，為他們「量身訂製」他們想要的產品，這樣才能為他們解決問題。

我們在考慮使用者是誰的時候，同時會考慮他們要解決怎樣的問題，使用者和問題兩者是相輔相成、互相界定的。我們透過問題，會界定使用者是誰，是什麼樣子；我們透過使用者，又能更加清晰、細化問題。這個過程是個螺旋循環的過程，我們只有把使用者和問題確定得十分清楚了，我們的產品才可能是為這些使用者解決這個問題的好產品。

之3 我們的產品為使用者解決怎樣的問題

我們清楚我們的使用者是誰，他們面臨怎樣的問題，他們的關鍵問題是什麼，這就是創業最開始的使用者和需求。我們找到使用者，找到他們的需求，他們會有很多需求，甚至他們表達出來的需求都是不一致的，我們需要從潛在使用者表達出來的表面需求深入挖掘，挖掘出他們的真實需求，進一步找到他們的本質需求。

如何獲取使用者的需求呢？一般常用的有幾種方法。

(1) 透過問卷進行調查，讓潛在使用者回答問卷，根據他們的回答判斷需求。

(2) 進行焦點團體（focus group）訪談，邀請一部分潛在使用者，跟他們直接進行面對面的座談交流，從他們的言語、表情、肢體等全方面地獲取他們傳遞出來的資訊，分析使用者的需求。

(3) 實地考察，就是到使用者所面臨的問題的現場去觀察，觀察使用者的行為表現，直接從他們的表現中獲取使用者的需求。

這三種方法中，最有效的方法自然是實地考察的方法。無論是問卷調查還是焦點團體訪談，人們很多時候是不知道他們真正需要什麼的，而且他們也往往很難用他們的語言直接把他們真實的需求描述清楚，甚至因為某些原因，他們還會故意掩蓋他們的真實需求。語言不可靠，人們的真實行為是最可靠的。到使用者面臨問題的現實情景中去觀察，從使用者的行為表現，挖掘使用者的真實需求，乃至最為本質的需求。

只有找到真實的問題，才能拿出解決問題的有效解決方案。問題是錯的，解決方案肯定也是錯的。所以，不要那麼著急地去研發產品，先好好地研究問題，找到真實的問題，再去研發產品。等到產品誕生之後，再去驗證問題，如此反覆換代，會逐步地走向問題的真相所在。

之4　我們如何找到我們的使用者，並把我們的產品送到他們手裡

我們知道我們的使用者長什麼樣子，我們也要找到他們在哪裡，以及我們走向他們的路徑，從而把我們的產品送到他們手裡。這就是我們的行銷和推廣。

傳統的產品和市場的關係，是企業獲取使用者的需求，企業製造出產品，然後透過各種方式和通路，找到使用者，連接使用者，把產品推廣給使用者，如此實現整個產品的生命週期。

在網路環境下，產品的概念已經不只是一個滿足使用者功能需要的產品，產品的外形、包裝、行銷和推廣等都是產品的一部分。我們需要從市場的角度，從行銷推廣的角度，把行銷推廣的方式一起設計到產品當中，讓產品天生帶有行銷推廣的屬性，讓它可以自動傳播。甚至於

隨著使用者需求的變化，針對使用者的行銷推廣方式的變化，產品自然而然地隨之換代變化。這是新一代產品的概念，也是新一代行銷推廣的概念。

之5 我們如何賺到錢

有了產品，也有使用者，使用者使用你的產品解決了他們的問題，獲取到使用價值。你就可以嘗試從中獲取你的商業價值，也就是從中賺錢。

如何賺錢呢？有多種方式。可以直接收費，可以打廣告賺取廣告費，可以賣流量收取流量費，可以轉介紹客戶收取傭金……有各種各樣的收費方式，不同的收費方式會給客戶帶來不同的體驗，從而會反過來影響到你的產品和服務的體驗。收費的方式，也是你產品的一部分，在設計或換代產品的時候也需要考慮。

能不能賺到錢，用什麼樣的方式賺到錢，是不可迴避的事情。即使你的專案一開始可以不用考慮賺錢的事情，但作為一門商業，終歸要回歸商業的本質，是要賺錢的。所以，能在一開始就摸索賺錢之道，就要認真地去摸索，它將決定你的企業最終的生死存亡。

借用這麼一個基礎商業模式的框架，對於選定的專案進行深入的思考，認真地創造，把原本只有一個方向性的專案，精心創造成一個可以具體落實和操作的創業金點子，至此才算是邁開了創業的第一步。接下來，就是把所有的準備做一個梳理，打造所有企業的原則上的第一款產品，那就是企業的事業營運計劃。

只是，對於創業專案的創造，不是一蹴而就的，而是隨時隨地都要進行的。創業，就如行雲流水，水無常形，創業也沒有什麼固定的形態或者什麼真理可講。

5 打造企業的第一份產品──事業營運計劃

就創業者和投資人的關係而言，企業事業營運計劃是創業打造的第一款產品，是銷售給投資人的，賣的其實是公司，即公司的股權。事業營運計劃只是你公司在邏輯上的一種展現。

之1 事業營運計劃是用來幹什麼的

找到合夥人，有了創業專案方向，針對創業專案方向進行了認真的創造，確定了創業專案的基礎商業模式，也就是確立了創業專案的產品、使用者、定位、行銷推廣方式，以及盈利模式，至此你已經初步建立了一家公司，只不過這家公司並沒有注冊，也還沒有經營起來，只是存在於你的邏輯裡。

在你的邏輯裡，你的這家公司具備了一家真正公司基本具備的東西，在邏輯上，你的這家公司是可以給使用者帶來價值，是可以為自己賺錢的。你接下來要做的，就是把你邏輯中的這家公司展示於現實生活中，首先要創建一個公司的Demo（展示版）。這個公司的Demo是什麼呢？就是這家公司的BP（businessplan）——公司的事業營運計劃。

一份公司的事業營運計劃，是用來幹什麼的呢？如上文所述，公司的事業營運計劃首先是這家公司的Demo，讓公司的創始人和創始團隊梳理其創業專案的整體思路，讓創始人和創始團隊自己先看清楚自己將要創造的公司應該長成什麼樣子。如果經過一番梳理，我們看不到、看不清我們想要創造的公司的樣貌的話，那麼我們所選擇的創業專案或者創業點子，要嘛是一時頭腦發熱的幻想，要嘛就是不可行的虛假專案。我們需要重新來過，重新選擇新的方向、新的專案，再進一步梳理，思考專案的基礎商業模式，打造公司的Demo。

一份公司的事業營運計劃的另一個重要作用就是把公司推銷出去。這個推銷包括三個方面：

①告訴周邊所有人你要做一件怎樣的事情，要把你想像中的公司的樣貌複製到周邊人的意識當中，讓他們幫你傳播、造勢，進一步吸引資源和幫助；

②告訴潛在的合作方，你的企業要做什麼，需要什麼，想要跟什麼人或企業合作，潛在合作方只有清楚你的企業是怎樣的，他們才能決策能否跟你合作；

③告訴投資方你的企業是怎樣的，你的企業能夠活下來，而且能夠快速發展並賺到

大錢，從而吸引投資方的資本資源，滿足接下來的企業啟動和發展所需要的融資需求。

說得直接一點，一份公司的事業營運計劃，就是這家即將建立的或者已經建立的公司的銷售信。

一份公司的事業營運計劃，其實就是這家公司的第一份產品，這份產品本質就是公司本身，是這家公司的 Demo。事業營運計劃描繪了企業成立及發展的整個邏輯，是一套完整的、可靠的邏輯，能夠說動作為買家的投資人，從而把公司賣給他們——賣的是公司的股權，也就是公司的未來。

無論從創造公司 Demo 的角度考量，還是從獲取資源拿到融資的角度考量，做一份公司的事業營運計劃都是十分必要的。接下來的問題是，一份可靠的事業營運計劃，要怎麼寫呢？一份好的事業營運計劃都應該包括哪些部分呢？

我們會在接下來的部分分享。

之2　一份好的事業營運計劃應該包含哪些部分

事業營運計劃作為一家公司的 Demo，描述了這家公司的樣貌。一家公司的樣貌，需要告訴人們：你們是誰，你們做什麼，你們為什麼做，你們打算怎麼做。「怎麼做」就是你們的商業基礎模式，要告訴人們：用什麼樣的方式，為怎樣的使用者，提供怎樣的產品，使用者在使用產品過程中獲得怎樣的使用價值，而你們在整個的活動中，獲得怎樣的商業價值。

要回答清楚這些問題，你的事業營運計劃就需要至少包含以下幾個部分。

1．自我介紹

透過簡要的描述，介紹公司是誰，公司做什麼事情。這裡對「公司是誰」和「公司做什麼事情」的描述，更多是概括性的描述，尤其是對「公司做什麼事情」的描述，可能是從夢想層面、價值觀層面進行描述。

如果公司已經做了一系列的VI（Visual Identity，視覺識別）設計，那就在自我介紹的頁面放上公司的Logo（徽標）、slogan（口號）等標識，讓人們一眼就能區分出來你們與別的公司。

2．市場情況

分析你做所的事情所處行業的市場狀況，包括整體的市場容量、市場區隔容量、市場未來發展的狀況等。

市場不夠大，可能創業專案只能做成一門生意，而不是創業；市場在萎縮的話，你所做的事情就是夕陽產業，會越做越辛苦，越做越小，沒有什麼前景，也自然沒有什麼「錢」景。

3．市場中存在的問題

闡述你所做事情所處的市場中存在怎樣的社會問題沒有解決，這些問題就是你要解決的問題，是你創業的基礎。

要分析這些問題是不是真實存在的問題，還是你們臆想出來的假問題；分析這些問題是不是使用者的迫切問題，還是對使用者影響不大的問題；分析這些問題的解決是否真正為使用者帶來實在的價值，還是解決了之後價值並不大的問題。

問題分析得不對，作為解決方案的產品，往往也是錯的。對於市場存在的問題做一系列的分析，是企業做產品的基礎。

4．產品介紹

進入事業營運計劃的主題，你們提供怎樣的產品或服務，對你們提供的產品和服務進行描述。要描述產品是什麼樣子的，產品有什麼功能，產品有怎樣的特色，產品怎麼解決市場存在的問題、產品有怎樣的優勢等。

也可以考慮產品的發展規劃，從一個產品的點，到產品線，再到全面的產品體系。需要結合企業發展策略考慮清楚產品是怎樣發展的，這也是一件很耗費創業者功力的事情。

5．業務經營模式

闡述包括產品在內的整個業務的經營模式，如產品的研發、產品的生產、產品的交付、產品的配送等整個業務鏈條的經營管理。

經營模式，就是建立一整套流程體系，透過一套流程體系，把產品從生產開始，到經濟效益轉化的整個過程串聯起來。經營就是整個流程體系的運作，要明確說明整個運作的流程是怎樣的，應該怎樣運作，怎樣更高效率地運作，等等。

6．市場推廣模式

闡述產品推出之後，怎樣對產品做行銷推廣，讓使用者知道你們的產品，讓使用者用你們的產品，以及把產品送到使用者手裡。

市場推廣模式，首先是需要確立產品的市場定位，包括市場地域定位、目標人群定位；其次是確立市場推廣的策略，用什麼樣的通路接觸到使用者、獲取使用者；最後是確立市場推廣的規劃，第一步先拓展怎樣的市場和目標人群，第二步再怎樣進行拓展，等等。

市場推廣模式的關鍵點在於能夠證明業務的發展和增長是可行的，按照既定的市場定位、目標人群定位、市場推廣策略、市場推廣規劃等，公司的業務一定能獲得增長，進而公司可以獲得發展。

7．專案優勢

闡述你們的創業專案與相同或相似的專案相比，有怎樣的優勢，具備哪些別的專案不具備的獨特之處。創業團隊要想清楚，為什麼是你們在做這件事情，而不是別人來做這件事情？而後去說服別人，為何是你們來做這件事情，為何你們能做好這件事情。

專案優勢就是投資人經常問到的專案的進入障礙（barrier to entry），可以採用一些對比分析的方法，列出行業內的主要競爭對手，跟競爭對手做對比分析，分析你們的專案競爭優勢所在。

8．專案發展現狀

闡述專案到目前為止的發展現狀，主要是展示一些專案運作的真實數據。如果說之前的事業營運計劃偏重於規劃的部分，專案發展現狀的部分就是真實經營的情況。真實經營數據的好壞，從一定程度上證明了你們之前的商業規劃是不是可行。

這就是一種數學歸納法在商業中的應用，做了從1到N的發展規劃，如果現狀證明了從1到2、從2到3都是正確的，那麼從3到N正確的可能性也是很大的。

9．財務預測

有了業務經營和市場推廣方面的規劃，自然就要有相應的財務預測，包括對於成本、收入、利潤等相關財務數據的預測。這些數據即使只是預測數據，也能對於業務經營、市場推廣等成本收益情況帶來一定的借鑑。如果從預測數據上，都無法得出企業可以發展壯大並賺到錢的結論，實際經營當中自然無法讓人相信你們公司能成功。

做財務預測，要有基本的財務前提假設，如人員薪資、管理成本、設備成本等；要有一個自圓其說的財務模型，計算投入的成本、產出、利潤等；更重要的一點是，在財務預測當中，要留出你們融資需求的空間，也就是說你們接下來要融資多少錢，這些錢用來幹嘛，要跟財務預測的數據相匹配。

10．融資需求

到這裡就是要張口要錢了，告訴投資人買家，你打算賣出去多少股權，這些股權打算賣多少錢。當然，你還要告訴買家，賣的這些錢你打算怎麼用。

這與一般交易的買賣雙方的立場是不一樣的，原因在於投資人一旦把錢投資到你們的專案當中，他們的角色就發生了變化，從買方變成了跟你一樣的賣方，他們也希望他們買到手裡再去賣的公司股權是越來越值錢的，而不是越來越貶值的。

在融資需求裡，還需要簡單地介紹一下你們公司當前的股權構成，太複雜的公司股權構成，會對投資人帶來一定的困擾。在商言商，複雜的股權結構，可能隱含著較大的財務風險，投資人可不想白白受損失。

11·團隊介紹

團隊介紹要告訴人們是誰來做這個專案，誰來經營整個公司。這是很重要的一個部分。

有些投資機構非常看重團隊，他們的投資理念其實是投資人而不是專案，他們認為只要這個人可靠，即使這個專案失敗，其他的專案也會成功。

當然，也有些其他機構擁有其他的投資理念，比如賽道的理念，看重專案所在行業的狀況，甚至有些就關注於專案本身。

不管是哪種投資理念，對於團隊的評估都是其中重要的一個環節，因為所有的事情都是人做的。二流專案、一流團隊的成功率，也要遠遠大於一流專案、二流團隊的成功率。

關於團隊的介紹，一般會介紹核心團隊成員的姓名、職位、技能、簡要履歷等，以證明團隊每個成員在其位置上都是勝任的，證明整個團隊是一流的團隊，證明團隊能夠把當下的創業專案做好。

我習慣把團隊介紹放在最後，也有些人會把團隊介紹放在一開始。可以根據整個事業營運計劃的故事邏輯，來決定把團隊介紹放在前還是放在後，這沒有固定的格式。

有了以上的十一個部分，大致就可以完成一份事業營運計劃了。當然上面的這十一個部分也不是絕對的、必須存在的部分。一份事業營運計劃，就是在講一個故事，不同的故事，可以有各種不同的講法，對應不同的結構邏輯，也就有不同的內容部分。你要做的最重要的事情，是好好地規劃你的商業計劃的故事架構，有了故事之後才有其他的一切。

之3　事業營運計劃使用中的一些小祕訣

本節一開始說到，事業營運計劃首先用於公司的創始人和創始團隊梳理其創業專案的整體思路，這是事業營運計劃在新創企業的內部應用，沒有什麼太值得注意的地方。只是從深度思考的角度，要真正把事業營運計劃當作整理思路的工具去寫、去換代，才能帶來對專案深度思考的效果。

多數的創業專案的創始人或創始團隊寫創業事業營運計劃，其目的主要是用來融資的，就是「賣」給投資人的。出於這個目的使用事業營運計劃，有些小祕訣可供參考使用。

1．BP的格式

目前市面上多數的BP是PPT格式，也有些用Word格式，但相對來講數量已經很少了。PPT的格式，圖文並茂，容易閱讀，也容易理解。所以，在創投的環境下，盡量使用PPT來寫事業營運計劃。

BP的篇幅也不要太長，全民創業的時代，投資人每天都會收到海量的BP，他們只有很少的時間去閱讀一份BP。因此BP一定要寫得簡潔明了，讓人很快讀完就能獲取他想獲取的資訊。

對外發出的BP，建議轉成PDF格式。PPT格式有時會出現格式錯亂的情況，而且出於對內容和版權的考慮，PDF也是合適的選擇。當然，最好隨時備有PPT格式的BP，以方便根據需要隨時進行修改。

2．BP的版本

一份BP要有多種不同的版本，這個版本可以是不同的格式，更重要的是根據不同的場合、不同的投資通路，對不同版本的BP的內容做調整。

千萬不要用一個版本的BP打天下，一定要有針對性，讓每個投資人都覺得你的BP是針對他們撰寫的，你對他們感興趣，他們才可能對你感興趣。

3．BP的儲存

BP的儲存要做到讓你隨時隨地都能夠獲得所有版本的BP，為此要把各種版本的BP儲存到信箱、手機、雲端、電腦等；也要隨身帶一個隨身碟，隨身碟中儲存所有版本的BP，以備沒有網路或不方便使用網路時使用；必要的時候，準備幾份不同版本紙本的BP，以備沒有電腦或手機的時候使用。

總之，隨時隨地都可以把合適版本的BP給到投資人，隨時隨地都可以拿合適版本的BP來跟人談。

4．BP的投稿

在給投資人投稿BP時，需要注意一些細節，包括：

(1) BP文件在命名時，要表明核心的資訊，比如命名為：專案名稱＋姓名＋電話等。

(2) 投稿BP文件時，要附帶一段簡潔的文字介紹，推薦使用類比的方式介紹，比如你的專案是某某行業的三隻松鼠等；如果是透過信件投遞，則信件正文要介紹清楚你是誰，你的專案簡介，你的聯繫方式，以及一些必要的商務禮儀用語，等等。

5．BP的講解

BP送出去後，跟投資人建立邀約，當面談專案時就要對BP進行講解，這個就得看你的演講能力和銷售能力了。一般有很好的銷售經驗的人，講解BP的時候都會比較得心應手，所以建議創業者都去學一點點銷售的技能，除了可以用在銷售BP上之外，創始人也往往是公司最大的業務員，隨時隨地都要進行公司業務銷售。

為了做好對投資人當面的講解，在正式與投資人邀約面談之前，最好做一些排練，模擬講解一下BP，對自己創始團隊講、對自己的親朋好友講等，準備一些錄音、錄影設備，自己觀看一下自己講解的效果如何，從而進行改善。熟練之後，再去找投資人講，效果會更好。

另外，邀約投資人進行面談，也有技巧可循。一般情況下，先邀約那些你不太重視的投資機構的投資人，就當作練手，反正失敗了你也不在乎。在與這些投資人聊的時候，專注這些投資人關注的地方，進而參考修改自己的BP，因為多數投資人的思路和關注點都是類似的。等你透過那些不重要的投資人練習得差不多了，再去約談你重視的投資機構的投資人。

6 世上沒有完美的準備——該出手時就出手

從策略層面，創業不需要準備什麼。所謂的經驗、資金、技能、信念等，都不是在上班的時候可以累積出來的，在這些方面做所謂的準備只是一種拖延的藉口。

從戰術層面，創業需要做一系列的準備。需要確定創業方向、找到創業的專案、尋找創業合夥人、組建創始團隊、創造基礎商業模式，最後還要做一個新創企業的Demo，就是把對新創企業的準備具象化成一份事業營運計劃，至此才算基本上做好了準備，接下來就是行動起來，正式啟動你的創業專案。

然而，很多時候，創業方向和創業專案並不是那麼清楚，需要不斷地創造，甚至需要適當地調整方向；尋找創業合夥人、組建創業團隊也不是一蹴而就的事情；至於創造商業模式，以及編制企業事業營運計劃，也需要反反覆覆地修改。很難說什麼時候算是準備好了，或者說要等真正準備好的話，我們需要付出的成本實在太高。

那麼，究竟怎麼才算是做好了準備？什麼時候適合正式啟動你的創業專案呢？

之1 創業過程中，沒有什麼完美的準備

創業，往往面對的是新的領域、新的業務，以前沒有什麼人做過，也沒有太多的東西可以借鑑。踏入這個領域，你不知道會遇到什麼樣的未知的事情。對於這些未知的事情，你沒有辦法借鑑別人的經驗，你也沒有辦法準備什麼事情面對未知。

創業的旅程，別人給的建議，只能大致參考，不能聽信。要想過河，只能自己摸著石頭，親身體會。在這個過程中，只能見招拆招。遇到了事情，碰到了困難，再去尋找辦法、尋找資源，去解決這些困難，把這些新的事情做好。

在網路環境下，整個社會變化非常之快，新創企業面臨的商業環境也快速地變化著，誰也不知道什麼時候會變成什麼樣子。就好像2015年上半年，整個商界都在追捧O2O（線上到線下）；可過了八月，O2O行業屍橫遍野、一片狼藉，成群的新創企業倒掉，資本也進入了所謂的寒冬期，這是所有人都無法預測的，發生了也就發生了。快速的社會變化，也讓整個創業環境處於巨大的不確定性當中，所有參與其中的玩家，只能在不斷的嘗試中謀生。

無論是創業專案啟動階段，還是創業過程中的其他階段，創業的每個階段，都沒有什麼完

美的準備，也很難定義什麼是完美的準備。只要準備得差不多了，該出手時就出手。

之2　不要陷入完美準備的拖延症當中

多數人都會有拖延症。拖延症是個很討厭的病症，在個人生活中如此，在職業生涯中也是如此。所有的事情，要做到極致都需要花費太多的時間。如果你要創業，如果你要成為一個創業者，你需要具備一項創業者該具備的意識，那就是成本意識。

在創業中的任何階段，因為面對新事物，因為巨大的不確定性，很難去做好什麼完美的準備。任何所謂完美的準備，總可以找到一些需要改善的地方，只是這些改善是否真的有必要呢？關鍵在於投入的成本是不是值得。很多時候，從成本的角度考慮，並不值得做什麼完美的準備。

我們創業不需要完美的準備，只要準備得差不多就可以了。怎麼叫準備得差不多了呢？可以用二八定律來衡量。用20％的時間，做好80％的準備就足夠了，這是CP值最高的階段。至於剩下的20％的準備，會耗費掉80％的時間，是最沒有效率、CP值最低的階段，從成本的角度來看，即使做得到，作為創業者也不應該去做這種完美的準備。

回到專案啟動的階段，我們選定了創業的業務方向、確定一個明確方向、兩個備選方向；而後再找到一個具體的專案，針對專案做商業模式的創造，初步定出產品方向、使用者定位、行銷推廣策略以及盈利的方式，在專案方面就基本準備得差不多了；如果還沒有清楚基本商業模式的幾個點，那就說明還沒有準備好。接著我們需要五個合夥人，核心的合夥人是兩個：一個是市場行銷方向；另一個是經營方向。

我們就去找人，找到了核心的兩個合夥人之後，在團隊方面也算準備得差不多了；然後，一起做一份事業營運計劃，只要把計劃書的各部分比較清晰地整理出來，且前後能自圓其說，事業營運計劃的部分也算基本準備得差不多了。至此，整個專案的準備就真的差不多了，專案可以正式啟動。

上面提到的各個數字，如業務方向的數量、合夥人的數量等，是要在創業準備的時候做個規劃，給定一個目標，並劃定做到怎樣的情況就算差不多了，就可以前行了。一旦做到了這些，就不要太猶豫是否準備充分、完美；一旦做到了這些，就義無反顧地開始下一個階段。如果開始下一個階段後，發現好多事情沒有準備好，那該怎麼辦？是真的沒有準備好嗎？非也！因為好多事情，是沒辦法提前準備的。屆時，只能兵來將擋、水來土掩了。

很多時候，我們所謂的完美準備或者準備好，會成為我們不願行動的藉口，還藉口得理所當然。很多時候，我們也會因為擔心沒有準備好，而會在遇到困難時後悔或自責，因而害怕則不敢前行。放下這些，捨棄這些，相信自己，相信沒有什麼完美的準備，創業過程中，所有的事情都是差不多時該出手時就出手。

既然敢成為創業者，就應不要怕，也應不後悔。沒有一些魄力，還是不要來創業了。商場如戰場，既然踏入了這個戰場，就要視死如歸，接受戰爭的洗禮了。

第3章 萬事開頭難，耐心奠基

1 組建核心團隊

2 建立股權結構

3 創造業務模式

4 制定策略規劃

5 尋找資金與融資

1 組建核心團隊

萬事開頭難，專案開始需要做的事情很多：組建核心團隊、建立股權結構、創造商業模式、制定業務策略規劃，還需要尋找資金以讓專案正式啟動。

前面說的準備，更多是從創始人個人準備的角度來講的，這裡的開始和奠基，就是從創業團隊的組建角度來講的。

創始團隊，要先摸索出專案的最小業務模式，並將整個業務模式打通，在最小業務模式的基礎上，才是招聘人才，組建團隊，複製業務。如果沒有一個最小業務模式，創始團隊就不要著急擴大團隊，先摸索最小業務模式。

基於這樣一個理念出發，如果創始團隊的構成可以完成最小業務模式的探索，那麼創始團隊就是核心團隊；如果不能夠完成最小業務模式的探索，那麼就要在創始團隊的基礎上，建立核心團隊。為了確保核心團隊的穩定發展，要建立公司的股權結構，這個事情其實是在尋找合夥人建立創始團隊的時候就該去做的。在核心團隊基礎上，探索最小業務模式，小步快跑、快速嘗試錯誤，探索出一個可行的最小業務模式。而後依託這個可行的最小業務模式，制定發展策略，尋找資金和資源，招聘人才，擴充團隊，複製業務，讓整個創業步入正軌。

這是創業專案啟動之後的開頭奠基階段主要要做的事情，把這些基礎性的事做好了，整個創業也就成功了一半。只是，做好這些事情並不是輕而易舉的，萬事開頭難，需要面對各種不確定性，在黑暗中進行摸索，以及克服由此帶來的內心恐懼。

之1　組建核心團隊

在團隊建設中，最重要的是做好溝通的管理，建立有效的溝通機制，確保團隊溝通的順暢、透明。有效的團隊溝通機制，是避免團隊內部矛盾的基礎。

而整個團隊管理中，最為重要的角色是團隊的領導者。團隊領導者的能力和風格，直接決定了這個團隊的能力和風格。作為團隊的創建者和領導者，作為創業專案的老闆，一定要擔負起自己應該承擔的領導角色，一定要成為一個合格的老闆。

1．對核心團隊人員構成進行規劃

對核心團隊人員構成進行規劃，要考慮以下幾個方面。

1）梳理清楚創業專案的特色

對創業專案進行梳理，弄清楚專案的特色，比如弄清楚創業專案是重技術的專案，還是重產品的專案，抑或重經營的專案？不同特色的創業專案，對於人員的構成要求是不一樣的。

2）根據創業專案特色確定核心團隊的人員類型

根據創業專案的特色，確定所需的核心團隊人員的類型，如究竟是需要技術開發人員，還是需要產品經理，或者是經營人員、行銷人員、銷售人員、客服人員等。

你的專案會缺很多類的人員，但不是現在就需要補充進來，你要先確定最關鍵、最核心的人員類型。

3）確定核心團隊的規模和類型

核心團隊人員，應該是執行最小可行業務所需要的最少的、最核心團隊人員。剛開始沒有必要組建一個很完善的團隊，因為此時的業務也還不是完備的業務，這時候要做的是找到一個可行的最小業務模式，並驗證這個模式。

根據創業專案的特色，根據對最小可行業務模式的預期，確定核心團隊人員的規模以及人員類型。不必是一蹴而就的，可以在驗證過程中逐步調整核心團隊人員。

4）明確劃分核心團隊的責權

雖然是核心團隊，但團隊也不是很完善，也要明確清楚團隊各成員的責權劃分，讓團隊每個成員能夠各司其職、各盡其責。

在初始創業團隊，劃分團隊的責權，更多講的是責任，而不是權力。

對核心團隊人員構成做好規劃之後，就是著手尋找相關人員。這時候的核心人員招聘相當重要，其重要程度跟創始合夥人有得一拚，可以用尋找創始合夥人的方式去招聘核心團隊成員。

需要多說一點的是，從專案籌備階段的尋找合夥人，到開頭階段的尋找核心團隊人員，乃至到後面的每個發展階段，都會需要各種各樣的人。人員招聘，是貫穿於整個企業生命週期的頭等大事，在前期需要創始人親力親為，到後期至少需要一個很強的人力資源方面的合夥人。所以，在專案開始階段，找到一個強悍的人力資源方面的合夥人，也是一個很不錯的選擇。

2．團隊建構需要平衡矛盾點

創業是一件舉步維艱的事情，充滿了各種衝突和矛盾，沒有一口氣的解決方案，只能在各種衝突和矛盾中，找到平衡。

在核心團隊建構中，乃至在後續的企業團隊的建構中，也有些矛盾需要去平衡。

1）多樣性與統一性的平衡

如同創始合夥人的選擇一樣，團隊的建構，也要考慮其多樣性，要在技能、資源、性格、思維方式等方面實現多樣性，多樣性的團隊有更好的創造性，更高的決策準確率。

但是，團隊建構同樣要考慮溝通方式、做事方式的統一性，尤其是在溝通方式方面，要建構統一而有效的溝通機制，否則因溝通不暢會造成團隊內部矛盾重重，不但會降低團隊工作效率和戰鬥力，還很容易造成團隊的分崩離析。

2）能力和忠誠度的平衡

往往能力越強的人，其忠誠度越低，因為他能力強，就可以有更多更好的選擇，甚至他自己都可以去獨立創業；而那些忠誠度比較高的人，往往其能力方面有所欠缺。建構團隊時，要在能力和忠誠度之間做平衡。

創業專案不同階段，針對不同的專案狀況，對於能力和忠誠度之間有不同的權衡。在專案開始階段，尤其是探尋可行最小業務模式的時候，不妨以能力為主，這個時候要打攻堅戰，看重的是拓荒能力、突破能力，而不是守成能力。專案逐步步入正軌後，就要開始考慮增加團隊內忠誠度比較高人員的比例了。當然了，如果能找到能力強、忠誠度高的人，那是最好的選擇了。只不過，從合理的角度講，使用這類人，要付出相應的成本和代價。

企業裡，平衡能力和忠誠度有一種常用的做法，就是使用正副手配合的方式，也不妨參考一下。

3）團隊決策與堅持己見的矛盾衝突

團隊決策，聽足夠多的人的意見，決策偏差的可能性就小，但是團隊決策的效率往往會比較低，而且團隊給出來的很多意見，是從個人所處的位置出發，有各自不同的思考角度，以及各自不同的利益考慮，給出的建議往往僅是一個合理的方案，未必是最好的方案。

而堅持自己的意見，自己為結果負責，自己思考會比多數其他人更加深入，也更有遠見。但是，會面臨決策資訊偏少的問題，決策有偏差的可能性會更大。

在處理這兩者的矛盾時，作為團隊的領導者，我認為要做一個固執己見、很難被說服，但又不是不能被說服的人。其他人有不同的意見，就要拿出說服力足夠的佐證來說服你。

3．形成團隊的性格

團隊建構和維護的過程中，維持團隊的穩定性是一件很重要的事情。但是，一個團隊的發展過程中，總免不了會有舊成員的離開以及新成員的加入，該如何去面對團隊人員的流動呢？對這個問題的回答，要分為幾個方面。

首先，盡可能地維護團隊的穩定性。任何團隊的變動，總是意味著成本的增加，效率的降低，尤其是在團隊比較小的時候，可能一兩個人的變動，對於整個團隊的完整性、效率的高低影響非常之大。

其次，對於團隊的維穩也要適度。過度擔心團隊變動對企業業務帶來影響，從而讓管理層對於團隊變動變得過於敏感，會影響管理層對於企業發展的決策，動輒考慮團隊會怎樣、人員會怎樣，做事情自然會畏首畏尾，甚至做出錯誤的決策。

最為關鍵的是，從團隊建構一開始，團隊就要嘗試形成自己的性格，依靠性格去吸引喜歡該性格、適合該性格人才加入團隊。沒有必要去花太多心思照顧每一個人的感受。不是說團隊成員的感受不需要照顧，而是說不要花過多心思、過分照顧其感受。

一旦形成團隊的性格特色，整個團隊就會形成一種良性的正向循環。團隊的性格特色越加鮮明，就會越加有吸引力和向心力，讓團隊更加穩定。

說句題外話，在如今的社會環境中，個體也是如此，需要形成個體鮮明的性格特色。

之2　團隊建設，溝通為王

團隊建設，溝通為王。一旦溝通不暢、出現問題，就會引發矛盾甚至衝突。事實上，不管組織大小，內部的問題絕大多數是因為溝通不良造成的。

我在二〇一二年第一次嘗試創業，就是因為與當時的合夥人在溝通上存在許多問題，最終不得不分道揚鑣。也因為這次嘗試的失敗，讓我在後來的創業中特別重視團隊之間的溝通。

溝通是個大話題，無論是學院派還是實戰派，都有很多人在研究溝通，都在為提高溝通的暢通、溝通的便利以及溝通的有效性做出努力。談及溝通，可以出一系列的教科書，如用於個人的《溝通聖經》之類的書，用於企業管理溝通，也有大量相關書籍。

本章節無法、也沒有必要對團隊溝通這個大話題進行全面的闡述，重點從我自身的經歷，分享一些關於團隊溝通，尤其是對團隊內部溝通方面的理解。

1．團隊溝通的一些原則

團隊溝通有一系列的原則需要遵守，不同的團隊側重不同的原則。以下是我所看重的幾點溝通原則。

1）溝通要有效果、有效率

溝通不是閒談，是要解決問題的，因此團隊當中的任何一次溝通，都要明確的目標，是要解決怎樣的問題，達成怎樣的共識，傳達怎樣的資訊，等等。

同時，溝通是需要成本的，每一次溝通要盡量做到簡短、有效率，在盡量短的時間內完成溝通的目標。

2）有問題隨時隨地溝通

不管問題是什麼，問題產生之後，都不該累積。就如小病不治會變大病、絕症一樣，問題也是越積越大，小問題變成大問題，大問題變成無法解決的必死問題，最後只能付諸暴力衝突或者時間消磨。

這是一個基礎的、常識性的原則，能有效地保持溝通的順暢，隨時發現問題、解決問題。即使隨時溝通會消耗一些管理成本，但是這個成本相比較「治大病」的成本而言，小很多。

3）有效傾聽是有效溝通的第一步

兩個人雞同鴨講，自然無法溝通，原因在於每個人都只想著表達自己的想法，而沒有去傾聽對方的想法。如果能夠準確地理解對方在表達什麼，對方想要什麼，很多溝通上的問題就不復存在了。

與人溝通時，第一步是傾聽，先認真地弄清楚對方要表達的意思，而後再發表自己的觀點。也可以進一步嘗試，在要發表自己的意見前，先把對方的觀點複述出來，確保自己理解了對方的意思，而後再根據自己對對方表達意思的理解，表達自己的觀點。

每當自己駁斥他人的衝動時，讓自己先等五秒鐘，利用這五秒鐘的等待，確認對方是否講完了，畢竟打斷別人講話總是不禮貌的，容易引起他人的反感；同時利用這五秒鐘，讓自己做一些思考，確保自己處於理性的狀態，而不是一時衝動，去做本能的反駁。

4）誰主張，誰舉證，就事論事

「誰主張，誰舉證」就是指當事人對自己提出的主張，有責任提供證據並加以證明。

我認為，這應該是溝通的原則。溝通當中，一個人提出一個觀點或者意見，就該提供證明來證明這個觀點或意見是對的。尤其是在反駁別人觀點時，更要如此。否則，只反駁，不舉證，要嘛就是武斷，要嘛就是耍賴，不是溝通之道。

這種溝通原則，再延伸一步，在主張、舉證之後，你應該提出你的行動計劃或者解決方案。也就是說，一個健康的溝通，不僅僅是破壞之前的不合理，更應該建設更加合理的，要有建設性。

例如大家討論一個設計方案，你認為這個方案不合理，接著你應該給出不合理的理由，再接下來你應該說清楚你認為怎樣是合理的。

做到這樣的溝通，才是我認為比較好的溝通，最起碼能體現出你在是就事論事，不是為反駁而反駁。

以上四點是我在團隊建設和管理中對於團隊溝通所關注的原則，其原因在於我的團隊遇到了這些方面的問題。除了這四點原則，還可以有誠信原則、真誠原則、公開透明原則、同水準溝通原則、理解萬歲原則等，需要結合團隊的具體情況，有方向地關注適用的原則。

2．建構團隊溝通的機制

雖然有一系列的團隊溝通原則，僅有原則而無機制的話，團隊的溝通依然無法展開。這種溝通機制，就像是種體制，沒有體制的話，人們就不願溝通，或者溝通起來總覺得有些彆扭、不順暢；有了體制，人們在這種體制下，依照一定的規則，就可以放心大膽的順暢溝通。

根據團隊具體的狀況，選定團隊溝通重點關注的原則，以此為基礎建構團隊溝通的機制。在我們的團隊當中，我們嘗試建立了以下的機制。

1）建立例會制度

例會制度包括週會、月會、季度會議，甚至有定期的座談會等。透過例會制度，可以使團隊的各種指令實現有效率的上傳下達，快速地將團隊的各種資訊有效傳遞，讓團隊內部的工作有條不紊地進行，提高工作效率和效能。

我們原本對於例會是有些排斥的，總覺得會浪費時間。團隊經營一段時間後，發現沒有這樣的溝通機制，團隊成員對於團隊的發展狀況、專案狀況等資訊無法及時了解，不清楚團隊及自己的位置所在，長此以往，很容易產生迷茫的情緒，從而影響整個團隊。所以，我們後來還是建立了例會這種看起來很傳統的溝通制度，只不過不是把它當作開會，僅僅當作一種溝通。

2）無限制級溝通制度

我們的團隊管理偏向於扁平化管理，除了創始人團隊之外，其他的人員在溝通上並沒有什麼職級的差別。任何兩個人之間，只要有問題就可以進行直接的溝通，包括團隊的領導者與團隊成員之間。

無限制級溝通的機制，是建立在隨時隨地溝通的原則基礎上的，我們希望在團隊當中，不要累積任何問題。大家有任何的想法和建議，都可以表達出來；有任何的不滿和怨恨，也都可以發洩出來。透過這樣的方式，讓問題在開始階段就能夠解決，不會積攢到最後變得無法解決。

當然，我們之所以這麼做，也有鑒於團隊有段時間陸續有很多人離職。他們離職的原因，平時也沒有表達出來，只是到最後決定要離職的時候才說出來。這個時候再溝通，已經不能改變什麼。所以，我們後來就希望所有團隊成員只要有問題就要說出來，就要去溝通。

3）Team Building（團隊凝聚）式的非正式溝通

我們定期舉辦 Team Building，進行團隊凝聚。Team Building 的形式多樣，可以是聚餐、唱歌、郊遊、遊戲等。透過 Team Building，一方面增進團隊感情，提升團隊的凝聚力和士氣；另一方面也透過這樣非正式的方式，讓大家之間進行溝通，讓團隊管理層與團隊成員之間進行非正式的溝通。

很多時候，正式溝通獲取到的資訊都是經過包裝的，而非正式溝通獲取到的資訊往往是最為真實的。

對於進一步的團隊溝通機制的建設，我們還在進一步摸索，未來也許有更多的溝通機制。總之，團隊最重要的是人，最麻煩的也是人。而人與人之間，最為麻煩的就是溝通，而溝通也是最基礎、最必要的。要做好團隊建設，只能做好溝通，讓整個團隊的溝通暢通無阻，資訊如流水般川流不息、酣暢淋漓，才能做到流水不腐，戶樞不蠹，保持整個團隊的活力和效率。

之3　兵熊熊一個，將熊熊一窩

1．將熊熊一窩是怎樣的感受

我很喜歡《亮劍》這部電視劇，也非常喜歡《亮劍》的主角李雲龍。李雲龍是個個性鮮明的人，關於軍事戰爭，有自己的一套認知和行動準則。他推崇進攻，推崇「狹路相逢勇者勝」的亮劍精神，常說一句話：兵熊熊一個，將熊熊一窩。這句話強調的是團隊領導者的作用。對於個體而言，一個人很弱就很弱，但是作為團隊的領導者，如果也不行的話，整個團隊就都不行了。對於這句話，我深有體會。

做諮詢顧問時，我曾參加過一次諮詢技能的培訓。在培訓當中，我做了一次團隊的領導者，因為自己表現出的能力不足，致使整個團隊的表現不佳，人心渙散，當時心中呈現的就是這句：將熊熊一窩。當時最大的感觸就是，如果想做一個領導者的話，一定要有足夠的實力，並且有堅定的自信。領導者夠強，整個團隊才有可能會強大。

後來做一個專案的專案經理，吸取了「將熊熊一窩」的經驗教訓。在組建團隊之前，就確立了自己對這個專案的信心，以及對於自己能力的信心，自己經過這麼多年的磨煉也確實有足夠的能力做專案經理，帶領團隊完成這個專案。最終的表現相當不錯，順利地完成了專案的建設，並獲得了公司的好評。

在有了一系列的帶領團隊經驗之後，我反思：究竟為何會「兵熊熊一個，將熊熊一窩」呢？原因也是很簡單的，《亮劍》當中也給出了答案。在《亮劍》中，趙剛說過一段話：「一支部隊也是有氣質有性格的，而這種氣質和性格，與首任的軍事長官有關，他的性格強悍這支部隊就強悍，這支部隊就嗷嗷叫，這支部隊就有了靈魂。」

一個團隊領導者的風格，往往決定了這個團隊的風格。一個團隊的組建形成，往往是團隊領導者對下屬、下屬對領導者進行雙向選擇。物以類聚，人以群分，擁有相同或者類似價值觀的人往往會群聚在一起，一種風格的領導者會喜好僱用某一種風格的下屬，而一種風格的下屬也往往喜好跟隨某一種風格的領導者，在這樣形成的團隊中，領導者和下屬志趣相投，對於團隊有很強的歸屬感。這樣的團隊就容易有凝聚力，效率和戰鬥力自然也不是問題。所以，看一個團隊，只要看其領導者，基本上就能夠知道這個團隊的特色和戰鬥力強弱了。

作為創業者，自然要成為創業團隊的領導者。你想要打造怎樣的一個團隊，你自己就要成為怎樣的一個人。你不希望你的團隊膽怯，那麼你就不要做一個膽怯的將領。

2．團隊的領導者對於團隊的影響

一個團隊的領導者對整個團隊有關鍵性的影響，這主要表現在以下幾個方面。

1）方向性的影響

一個團隊領導者要憑藉自身在所處行業的專業能力，看清楚團隊的發展方向，能把握住整個團隊的方向，並且讓團隊成員接受這個方向、擁戴這個方向。

方向的對錯決策，很大程度上取決於團隊領導者的專業能力和決策能力；而對於方向的堅持，則需要團隊領導者對於方向判斷的堅信和堅定。選定方向之後，團隊領導者要有足夠堅定的意志和信心，帶領團隊走向選定的方向。

為何人們會說「只有偏執狂才可以成功」？因為偏執狂足夠堅定和堅持。

2）團隊士氣的影響

團隊領導者是團隊的核心，團隊中所有的人無論遇到什麼事情，第一眼就會看向團隊領導者。團隊領導者有怎樣的表現，整個團隊就會有怎樣的表現。雖然說團隊領導者有好的表現，團隊未必一定有好的表現；但是團隊領導者如果表現很差，整個團隊肯定也表現很差。

所謂團隊的領導者，團隊有士氣的時候，你一定要有更強的士氣；團隊沒有士氣的時候，你也要有士氣。你不能享受普通團隊成員能享有的待遇，團隊中任何人都可以放棄，唯獨你無法放棄。

3）自身公信力、對團隊掌控的影響

一個團隊領導者自身是否有公信力，能否以身作則，直接決定了其對團隊的領導力，對團隊的掌控。團隊領導者缺乏領導力，結果往往是團隊凝聚力缺乏，組織渙散，沒有什麼戰鬥力，甚至會帶來團隊的解散。

所謂團隊領導者的公信力，本質就是團隊領導者對團隊的領導和掌控合法性的來源。這不是一種權力上的掌控，而是在精神層面、信念層面、士氣層面的影響力。

4）對團隊文化的影響

一個團隊領導者推崇怎樣的團隊文化，這個團隊就會推崇怎樣的團隊文化。由於權力和影響力的層級劃分，團隊領導者的一些理念和價值觀，直接會灌輸到團隊當中，形成團隊的文化。這就是《亮劍》裡說的一支部隊的氣質和性格由其長官所決定。

團隊領導者是一個團隊的支柱，對於團隊的影響是如此之大，所以作為團隊領導者在團隊的建設和成長過程中，也要做好自我提升和成長。團隊的發展與團隊領導者個人的成長是相輔相成的。

但是，不管你的團隊有什麼特色，遵從怎樣的團隊文化，也不管你的團隊戰鬥力如何，效率怎樣，如果你作為團隊領導者選擇的方向出錯，團隊仍然可以無條件支持你，那麼你依然是

一個成功的領導者。

當然，你不能真的一直出錯，團隊可以無條件支持你，反過來，你也要為你的團隊負責。

之4　怎樣才算一個優秀的團隊領導者

我很清楚一個團隊的創建者以及團隊領導者對一個團隊的影響，我有作為團隊領導者帶給團隊壞影響的經歷，也有帶給團隊好影響的經歷。那麼，對於一個團隊來說，怎樣才算是一個優秀的領導者呢？

每個人有不同的看法，我僅分享我對優秀的團隊領導者的一些看法。

1．一個優秀的團隊領導者，應該具備怎樣的素養

我認為一個合格的團隊領導者，應該具備以下幾個方面的素養。

1）很強的專業能力

團隊領導者要在所處的行業當中有很強的專業能力。只有足夠專業，才能看清未來方向，帶領團隊走向正確的方向。只有足夠專業，才能在團隊中造成表率作用，在別人都搞不定問題的時候，你能夠做到，讓團隊成員信服。只有足夠專業，才能更加清楚所做事情的方方面面，

能更好地掌握整個團隊。

這裡說的很強的專業能力，不一定是指具體的專業技術。比如馬雲就自稱不懂什麼技術，但是他對於電商的理解是少有人能及的，所以即使不懂技術，他一樣可以帶領他的團隊在電商領域裡叱吒風雲。

2）很好的團隊管理能力

團隊領導者要有能力掌控整個團隊，把整個團隊組織管理得井井有條。團隊領導者往往不會去做具體的事情，而是要清楚事情怎麼做，指定合適的人去做，並統籌規劃，讓事情按照既定的規劃、有條不紊地執行，最終取得不錯的結果。

有沒有很好的團隊管理能力，團隊成員可以很輕易覺察到。沒有人喜歡混亂的狀態，混亂意味著不確定性；人們都喜歡井然有序的狀態，有序意味著確定性。團隊領導者要盡可能消除團隊內部的不確定性，帶給團隊確定性。

3）強烈的自信與堅定的信念

團隊領導者對自己都沒什麼自信，對於所做的決策正確與否沒有堅定的信念，如何讓那些跟隨者堅定地跟隨呢？人們都喜歡跟隨強者，沒人喜歡跟隨弱者。

強烈自信和堅定信念，帶給團隊的是一種確定性，是目標明確而堅定的確定性。人的天性，讓人們厭惡不確定性而喜歡確定性。

4）強悍的性格

如同《亮劍》裡的李雲龍，作為團隊領導者，一定要有強悍的性格。團隊由各種不同的人組成，每個人都有各自不同的性格，要把整個團隊凝結成一股力量，把團隊中各種不同性格的人整合到一起，沒有強悍的性格可不行。

強悍的性格，不一定是表現得很霸道，但一定是一種強勢。可以是那種「霸氣外露」式的強勢，也可以是不卑不亢的強勢，甚至是「潤物細無聲」的強勢。

5）勇猛果決的決斷力

古語有云：當斷不斷，必受其亂。團隊領導者最忌諱的就是臨危局時優柔寡斷、躊躇不前。領導層的優柔寡斷，很容易讓下面的人無所適從、不知所措，結果會導致團隊失去戰鬥力。我們聽過太多的因決策者優柔寡斷造成各種失敗後果的故事，自不必多說。

團隊領導者作為管理決策人員，都要有勇猛果決的決斷力，在任何情況下都要能果敢地做出決策，哪怕最終結果證明做出的決策是錯的，那也沒有關係，很多時候站在原地猶豫不決的危害要大於錯誤決策。

猶豫不決的領導者，往往沒有什麼魄力和擔當。什麼人願意跟隨一位沒有魄力、不敢擔當的領導者呢？

6）堅韌不拔的抗壓性

作為團隊領導者，選擇方向、做出決策、帶領團隊……享受這些權力的同時，也要承擔這些權力相應的責任，以及由此帶來的壓力。

團隊領導者是一個團隊的支柱。什麼是支柱？支柱就是承受最大壓力的那根柱子，一旦這根柱子斷掉，整棟建築就會倒塌。作為支柱，團隊領導者要有堅韌不拔的抗壓性，能夠抵抗來自各方面的壓力，包括團隊外部的壓力和團隊內部的壓力。這也是無奈的事情，所有人都可以因為承受不住壓力而放棄，只有作為支柱的領導者沒有辦法放棄。

7）識人用人的慧眼

團隊領導者要做的事情往往是決定方向、管理團隊、識人用人。團隊領導者很少去做具體的細項工作，具體的工作交給那些合適的人去做，團隊領導者要找到這些合適的人，把工作安排給他們。

這就要求，團隊的領導者要清楚團隊每一個人的優勢和缺點，能夠很好地統籌團隊中的人力資源，讓人力資源配置更合理，效能最大化。這才是團隊領導者產出效能最高的事情，相比去做具體的事情，識人用人才是團隊領導者的本職工作所在。

8）**寬宏大量的心胸**

團隊領導者心胸要寬廣、格局要大。團隊領導者心胸和格局的大小，也決定了一個團隊的格局大小，格局決定了其成就大小。

跟著一個凡事斤斤計較的人，整個團隊能取得的成就有限，自己能獲得的利益也不會有多大，還要擔心不小心出錯，被人記恨，這是一件很難受的事情。

這些優秀團隊領導者應具備的素養，不是每個人天生就具備。這沒有關係，很多素養都可以後天習得，在創業的過程中透過不斷地學習，不斷地磨煉，讓自己具備一個優秀的團隊領導者應具備的素養。

成為一個優秀的團隊領導者的過程，就是成為一個讓自己優秀的過程。

2．如何做一個優秀的團隊領導者

既然要創業，既然要帶兵打仗，每個創始人都想成為一個優秀的團隊領導者。成為優秀的團隊領導者，需要具備一系列的優秀的素養。

那麼，怎麼才能擁有那些優秀的素養呢？如何成為一個優秀的領導者呢？可以參考以下的建議。

1）了解自己

成為一個優秀的團隊領導者，就是要成為一個優秀的自己。在改變之前，先要了解自己是什麼樣子的，自己擅長什麼，不擅長什麼，自己具備哪些好的素養，自己缺乏哪些素養。所有的改變，都是從接受現在的自己開始的。

知道自己現在是怎樣的，知道自己現在在哪裡，才能尋找到一條從當下到未來的路徑。透過這條路徑，才能逐步改變成自己想要變成的樣子。

2）了解團隊

雖然團隊是由你所創建的，但是隨著團隊的發展，可能你自己也未必很清楚你的團隊是什麼狀態。正如你要了解自己一樣，你也要了解你的團隊。正如你不能變成一個全方位無差別無死角絕對厲害的人一樣，你的團隊也不能在方方面面都變得優秀和卓越。你要找到你團隊的問題所在，找到你團隊的優勢所在，想像出你的團隊可能變成的優秀的樣子，在某一些方面做到相對優秀，這就是你要做的。

3）規劃團隊，配合團隊

你對你自己、你對團隊的最好想像，是你自己和你的團隊所能達到的最優秀的程度。如果你想像不出來，往往你和你的團隊也沒辦法達到那麼優秀的程度。

清楚了你自己的現狀，清楚了團隊的狀況，你需要規劃出你的團隊要成為怎樣優秀的團隊，在哪些方面要更加優秀，為此團隊需要做哪些改善，配合團隊的改善，作為團隊的領導者，你需要做哪些改善。

清楚了需要改善的地方，你需要做的就是帶領你的團隊，讓你的團隊和你一起變得優秀。

4）按照你想要的優秀去表現

西方的一句諺語：Fake it till you make it。假裝你已經很優秀，並按照你的假裝去表現，直到這些優秀進入你的骨髓裡，成為你自身的一部分，你也就真的變得優秀了。

你是如此，你的團隊也是如此。

2 建立股權結構

在創始團隊組建的時候，就要建立初步的股權結構。在創始團隊基礎上擴充為核心團隊時，相應的股權結構、股權激勵就要相應完善。股權代表著控制權和預期經濟利益，決定了未來公司的生死，要嚴肅對待。

之1 股權結構決定了分合與生死

初始時，大家對於股權重要性的認識並不是很清楚，因為什麼都沒有，沒有什麼可爭的，也沒有什麼好分的。

但是當公司發展起來，見到一些權力和利益，或者預期要見到一些權力和利益，即使權力和利益還很小，大家對於股權的渴望就開始滋生了。

股權意味著對於公司的控制權力以及對應的職責，自然也包括能從中獲得的利益分成。對於多數創業的人而言，預期獲取到的利益是公司股權的根本，人們都希望獲取盡可能多的利益，賺更多的錢——這是人的天性，沒有什麼好忌諱的。

我們看到商圈裡很多的戰爭，最後都演化成股權的爭奪。創業當中很多團隊的分崩離析，也多數是因為股權分配的不合理，利益分配不均造成的。可以說，股權架構劃分，決定了後續創業的分合與生死，一定要重視。

所以，在專案開始、組建團隊的時候，就要把股權結構設定清楚，事先把所有的事情都講清楚，大家都能接受一個準則，都認為公平，再開始後面的事情。

這一點，哪怕耗費很多時間去處理，也是應該的。不要覺得開始什麼都沒有，無所謂，當下最重要的是要把餅做大。想要把餅做大，持續地做到更大，需要一個穩定的團隊，穩定的團隊就要事先把最核心的權力劃分、利益劃分說清楚了。先小人後君子，總比先君子後小人要好一些。

雖然很多股權劃分規則提前制定，到了後期也還是會遇到各種各樣的挑戰，因為到這時大家的想法發生了變化，大家對於事情的理解也各有不同，所謂此一時彼一時，大家對於當初制定的那些準則就會產生懷疑。這沒有關係，起碼有一個大家曾共同遵守的準則在，大家可以在這個基礎之上進行升級調整，這要比事先什麼都沒有的情況好很多。畢竟大家都是文明人，能合夥創業，還是講一些道理的。

之2 如何合理地劃分初始股權

股權劃分和管理又是一個很大的話題，甚至是一門研究的領域。公司制度經過幾百年的演化，已經有一系列成熟複雜的體系知識，股權劃分也是如此。

對於我們創業者而言，沒有必要弄得很複雜，因為複雜會帶來很大的管理成本，更會帶來大家對於複雜體系理解的成本，乃至產生誤解，更容易帶來一些股權糾紛的問題。

人們對於複雜的東西，接受起來都比較困難。對於股權這種涉及利益的事情，太複雜以至於讓人難以弄懂的方案，很容易讓人產生一種不信任：弄這麼複雜，是不是中間有什麼陷阱？

我認為，在創業初始階段，做初始股權劃分的時候，股權劃分方案一定要簡單直接，甚至要足夠簡單，讓每個合夥人都可以很輕易地理解並接納，從而不必花太多心思糾結於股權劃分問題，而是把所有心思都專注在工作中。

我接觸過大量的新創公司，對他們的初始股權的劃分做了總結，大致類似，是一種相對而言比較簡單而又相對比較合理的劃分方法。

1．初始股權怎麼劃分比較合理

只有合理的事情，才可以長久。對公司而言，公司股權的劃分，尤其是初始股權的劃分是否合理，直接影響新創企業能否長久發展下去。

那麼問題是，初始股權怎麼劃分比較合理呢？換句話說，對於初始股權的劃分，怎麼叫合理呢？

初始股權的劃分合理與否，體現在以下幾個方面。

1）股權相對集中

創始人或核心創始團隊占有較大比例的股權，比如超過50％的股權，甚至超過66％的股權，擁有對公司的絕對控制權。這樣在公司做決策的時候，有一個絕對權威，能夠快速地做決策。最忌諱的是平均分配股權，這樣決策時沒有最終裁判，公司的權力過於分散，一旦出問題，就容易造成不可調和的矛盾，使公司團隊發生分裂。

2）股權管理機制

股權劃分不只是一個股權比例的劃分而已，還要建立一整套的股權管理的機制，如進入機制、調整機制、退出機制等。當大家對於股權劃分存在疑問時，可以透過一定的機制進行調整。

3）各股東都能接受股權的劃分

公司各股東都能接受股權劃分的結果，也認可建立的股權管理的機制，這就是一種公平合理。並沒有什麼絕對的公平合理的股權劃分，至少到現在還沒有什麼絕對公平合理的股權劃分的準則。很多所謂的公平合理，只是股權劃分的結果大致達到每個人的預期，大家都能接受，僅此而已。這其中可能是某些人做出了犧牲，也可能是達成了某種交易。

2．如何合理進行初始股權的劃分

新創企業對公司初始股權的劃分方法有很多種，我分享一種我所見到和採用的兼具操作簡單與分配合理的方法。這種方法的關鍵是考量了企業的本質，從企業最本質的人和資本兩個方面去劃分公司的初始股權。

公司最本質的兩個方面就是人和資本。你想要占多少股權，就要看你「出」多少人以及「出」多少錢，只有這兩個方面的考量。至於出其他方面的資源，皆不能占股。

我們透過以下步驟，考慮各自出人的情況和出錢的情況，進行加權，即可算出各自所占的股權。詳細操作步驟如下。

(1) 分析這個專案是錢重要還是人重要，根據重要程度，劃分成一定的比例。例如，一個專案，認為是資源型的專案，在初始階段，錢的作用大於人的作用，比如認定錢的作用占整個專案的60％，40％就是人的作用。

(2) 錢的部分，大家按照各自出的真金白銀的比例，獲取相應的比例股權，例如，A、B、C三人，分別出了十萬元、四十萬元、五十萬元，則其錢的部分的股權分別為10％、40％、50％；錢的部分是實打實的，出多少錢就是多少，不出錢就是零。

(3) 人的部分，大家需要去討論、評估，每個人在專案當中的重要性，以及在專案中的付出程度，以及對專案而言的重要程度。這方面沒有絕對的數值答案，很難是多少就是多少，需要股東坐下來進行商談，商定一個大家都比較認可的、相對比較公平合理的結果。同樣是上面例子的A、B、C，假定其重要程度分別為40％、40％、20％。

(4) 最終創始股東的股權，是出資部分的股權與出人部分的股權的加權之和，加權係數就是一開始商定的對整個專案而言，錢和人重要性的比例。在上面的例子中，錢的比重是60％，人的比重是40％，所以：

A的股權＝10％×60％＋40％×40％＝22％

B的股權＝40％×60％＋40％×40％＝40％

C的股權＝50％×60％＋20％×40％＝38％

股權總計還是100％。

在這個例子中，股權的劃分相對來講比較平均了，這未必是好事。所以，現實企業當中，股權的劃分會在計算出來的結果上，做一些調整，調整成某一個人擁有絕對控制權的狀態。

當然，在現實新創企業中，很多公司的股權劃分未必參考該公式，只是由絕對掌控的創始人，跟各股東去商定給予多少比例的股權，大家商定後能接受即可。

公司的事情，是人的事情，不是公式的事情，不能完全用公式去描述人類的世界。

3．除了初始股權的劃分，還要商定股權變更的準則

在商定了初始的股權比例劃分之後，股權劃分這件事情還沒有結束，還要確定股權管理的一系列準則，包括：

(1)引入新的投資人，如何進行股權的稀釋。

(2)有人退出時，應該以怎樣的方式退出。

(3)出現了糾紛，用什麼樣的方式合理解決。

在公司初創期，大家都處於富有熱情的狀態，對各種事情都用一種樂觀的態度去看待。這本是很好的事情，但是在商言商，做最好的期望，做最壞的打算，設定一些機制，一旦出現最壞的情形，公司應該怎樣去面對。

之3　股權激勵的考量

除了創始合夥人之間要對股權進行清楚劃分之外，還需要考慮後續加入進來的其他合夥人，乃至對公司的高階主管、核心人員的激勵，激勵他們能長期地待在公司當中，隨公司一起成長，並在公司成長當中一起獲利，讓這些人有主角般的待遇，他們自然也可以發揮出主角的作用。

對於股權激勵的考慮，涉及幾個方面，包括：

(1) 股權激勵的股權從何而來？
(2) 有哪些股權激勵的方式？
(3) 股權激勵如何進行具體的操作？

1．股權激勵的股權從何而來

所有股東的股權，總計就100％，不可能無中生有。既然有人獲得股權，也自然有人付出股權。那麼究竟是什麼人付出用於激勵的股權呢？這跟企業創建時確定下來的股權劃分模式和管理模式有關。

常見的一種用於激勵的股權，源於各股東的股權稀釋。每個股東按照股權比例，分別拿出一定比例的股權。

比如一家公司有三個股東，分別為A、B、C，他們的股權分別為60%、30%、10%；公司要對某個高階主管D進行股權激勵，預期給予1%的股權，這1%的股權，就從三個股東的股權中進行稀釋，A、B、C三人分別稀釋0.6%、0.3%、0.1%的股權，那麼最後公司的股權分配變為：A占59.4%的股權，B占29.7%的股權，C占9.9%的股權，D占1%的股權。

公司股東稀釋出來的股權，不一定具體落入某人手裡，也可以形成一個股權池，為以後更多人流出股權激勵的空間。這一部分股權池的股權，從操作層面考慮，一般會由公司的大股東進行代持。

與此類似，一開始在做公司股權劃分的時候，就可以預留出公司股權激勵的股權空間。例如，還是一家公司的A、B、C三個股東，他們各自擁有公司的55%、15%、15%的股權，還有15%的股權用於以後的股權激勵，由A股東代持，則A股東手上有70%的股權。在後續進行股權激勵的時候，就不用對各股東進行股權稀釋，而是直接從A股東代持的15%的股權池裡直接給出激勵的股權比例。

以上只是常見的用於股權激勵的股權來源的例子，不同的股權劃分和管理模式，會有各種不同的股權來源操作方式。

股權激勵也是一個大的研究領域，本書無法成體系教科書般地給出股權激勵的方案，只是分享一些我認為關鍵的點。

2．股權激勵的方式

股權激勵有一系列的方式，在金融方面有各種各樣的操作，最終所追求的是實現對員工的長期激勵，讓員工能夠長期與公司一起成長，維護團隊的穩定性。另外，也可以透過一種非現金的方式，為團隊留住有用的人才。

常見的股權激勵的方式有以下幾種。

1）虛擬股權激勵模式

該類股權激勵模式下，股權只有分紅權，也可以帶有淨資產增值權，而沒有股權當中的表決權和所有權。因此，此類股權激勵不涉及公司股權結構的實質性變化。虛擬股權激勵包括虛擬股票激勵、股票期權激勵等。

2）實際股權激勵模式

該類股權激勵給出的股權，具有股權定下的所有四類權利：分紅權、公司淨資產增值權、表決權和所有權，是真正成為公司的股東。此類股權激勵不僅會影響公司股權結構的實質性變化，還可能會影響公司管理結構。此類股權激勵包括員工持股計劃（ESOP）、管理層收購（MBO）等模式。

3）虛實結合的股權激勵模式

規定在一定期限內實施虛擬股權激勵模式，到期時再按實際股權激勵模式將相應虛擬股票轉為應認購的實際股票。此類激勵模式最終效果跟實際股權激勵模式帶來的效果是一致的，不過可以更加靈活地考量被激勵的對象需求狀況而決定是否改變公司的實際股權結構。此類股權激勵包括股票期權等模式。

在這三種主要的股權激勵模式下，有很多種具體的股權激勵方案，例如業績股權、股票期權、虛擬股票、員工持股等。不是說所有的激勵模式都要應用到企業股權激勵當中，而是根據企業的具體情況，選擇一兩種激勵方式即可。

每一種股權激勵方式的具體實施，都會涉及各種各樣的問題，如公平問題、績效評估問題等，需要耗費大量的管理成本。能把一種股權激勵實施落地，並切實有效地產生激勵的效果，這就夠了。

3．採用期權激勵的方式讓員工與企業一起成長

我在創業過程中，用到的是一種相對而言比較簡單的期權激勵。

之所以用這種簡單的激勵方式，原因在於讓員工理解、接受的成本降到最低，同時讓公司實施激勵的管理成本也降到最低。有得必有失，採用這種方式，股東給出去的股權也是相對比較多的，會付出較大的利益成本。

我們給予員工真實的股權，這個股權不是乾股，而是一種期權。對於我們認為比較重要的幾個高階主管職位，如CEO、首席行銷長等，我們根據他們工作的重要性、本身能力的強弱，給予他們一定數量的股權，如給予1%的股權，分4年孵化出來，每年孵化0.25%。這些股權的孵化是需要條件的，首先是達到當年既定的業績目標，如果沒有做到，則根據評估孵化一定比例的股權，甚至不孵化；其次是孵化出來的期權，要在一定的行權期內，按照一定的價格，轉換成為真正的股權，也就是說這些期權是有價格的，不是免費給的，只不過這個價格很低而已，只有付出了成本，人們才會對這些給予的股權重視起來。當然，對於孵化了的期權和股權的交易與管理，也有一系列的措施，確保在造成激勵作用的同時，也維護公司整體的利益。

至於這種期權的激勵效果，說不上好也說不上壞。對於一些看重長期利益的員工而言，會有很大的激勵效果；而對於那些看重眼前收益的員工而言，基本上沒有什麼激勵的效果。

4．股權激勵，最核心的是真的造成激勵作用

我沒有過多地研究股權激勵的東西，我知道這是一個完整的研究領域，也見過一些公司做了特別複雜的股權激勵體系。對於股權激勵的效果如何，我心裡其實並不是很有底。

我總認為，對於初期的新創企業而言，股權激勵基本上沒有什麼效果，因為初期新創企業面臨很大的風險，隨時可能死掉。一旦企業不小心死掉，你擁有再多的股權，也是沒有什麼用處的。所以，我建議初期的新創企業，不要考慮太多的股權激勵，還不如給以高薪更有效果一些。

創業沒有什麼定論，我的認識未必正確。必須根據具體情況分析，根據企業的不同階段，根據團隊成員利益驅動的長短期類型，選擇不同的激勵方式。總之只有一個原則，任何激勵，都不是做做樣子，讓人覺得好看的，而是要真能對團隊成員產生激勵效果的。

3 創造業務模式

在創造創業金點子的時候，我們就提出所謂的基礎商業模式。創業籌備階段，要對基礎商業模式進行反覆創造。

然而商業模式從來不是一個一蹴而就、一次定型的事情，隨著專案的發展，隨著社會環境的變化，企業的商業模式也在不斷變化。企業要在每一個發展階段對商業模式進行創造。不變化的商業模式，肯定是死的商業模式。

在創業的初始階段，最為核心的一件事情就是要創造企業的業務模式。所謂的創造業務模式，就是要對創業籌備階段初步確定的基礎商業模式進行驗證，找到一個可行的最小業務模式。

以什麼樣的方式或手段，為哪些人、提供怎樣的產品，給使用者提供怎樣的使用價值，這就是你的業務模式。

商業模式再加上一句：在業務模式過程中，你獲得怎樣的商業價值，這就是你的商業模式。

之1　你的企業的社會價值是什麼

1．企業的價值，就是企業帶給這個社會的社會價值

無論是作為個體的人，還是作為組織的企業，它們賺錢謀生存，都有一個核心模式，這個模式就是：先要值錢，而後才是賺錢；一旦值錢了，賺錢是很自然的事情。

我們看到的網路公司的發展經營模式，其實就是走的這種「先值錢，後賺錢」的道路。先搶占流量、搶占通路，讓別的企業沒有流量和通路可以占，自己就值錢了，然後再慢慢地變現，總會有各種辦法把錢裝進自己的腰包。

公司要先值錢，先有價值，賺錢是水到渠成的事情。由於企業的社會性，企業的價值往往是指它的社會價值，更多被描述為需要和被需要——這也是價值「關係說」定義的體現。

所謂企業的社會價值，就在於企業是否被人們、被社會需要，在於企業能否帶給人們、帶給社會所需要的東西……這些決定了這家企業是否可被替代，決定了這家企業的市值身家。

有一部電影，忘記叫什麼了，大致是說主角發現某一粒塵埃其實就是一個世界，然後進入

這個世界，發生了一系列的故事。我當時就在想，我們的地球是不是在某些其他的生命——比如宇宙外的超級巨人——的眼中，就是一粒微不足道的塵埃？

同樣地，我們如果把社會視角縮小一下，看成一個企業，那麼我們社會中的每一個企業，就是這個社會企業的員工了。那麼，我們的企業怎麼才能活下去，才能獲得很好、重大的發展呢？

在這樣的角度下，我們看到的企業和社會的關係，是與員工和企業的關係一樣的。在「社會」這個大企業裡，我們每個企業作為「員工」，要弄清楚自己的職責，把自己的工作做好、做到極致，成為這個職位上不可或缺的「核心員工」，那麼這個「社會」企業自然會幫我們升職加薪，我們也自然會獲得好的發展。

員工的價值體現，首先是做好本職工作；其次是能給企業帶來更多的業績，也就是更多的價值。企業也是如此。企業的價值，也是首先做好本職工作，把自己該做的事情做到極致，乃至無可替代，而後才是謀求為社會貢獻更多的價值。所以，對企業來講，動輒去做什麼慈善，那只是錦上添花，並不算盡了自己的社會責任，真正盡到社會責任的是做好企業的本職工作。

我們繼續往下想一想：最好的員工是怎樣的呢？除了做好自己職位的本職工作之外，更好的是站在老闆的角度和立場，用老闆的思維去主動做事情。

對比一下企業，最好的企業也是先做好本職工作，更要能站在社會主角的角度和立場，用改善和提升社會的思維去主動做事情，用主角的意識去引領社會的發展。

所以，賈伯斯說：活著就是為了改變世界。賈伯斯的蘋果公司，是最好的企業之一。

2．企業社會價值的三個層次

企業的社會價值有三個層次：主力產品（Hit Products）、權威專家、夢想化身。對於這一部分的理解，我借用了某公司的思路。

對應上面論述的邏輯，主力產品是企業的本職工作，權威專家是企業作為主人應該要表現出來的態度和行動，夢想化身就是企業要用主角的意識去改善、提升社會，引領社會的發展。

1）主力產品

所謂的主力產品，指的是那些人們一想到該企業就能馬上聯想起的該企業的產品。每家企業都應該至少有這麼一款主力產品，不然企業將難以生存下去。

主力產品，既是企業的主力，也是社會的主力。它是企業所能夠提供的最好的產品，也意味著是這個社會能夠擁有的最好的產品。

提供主力產品，是企業的本職工作，是企業的社會價值的體現，也是企業的社會責任的體現，更是企業的使命——為社會承擔了先進生產力的使命。

2）權威專家

作為某個行業裡的某家企業，所承擔的責任不僅僅是創造了企業的主力產品，也包括為社會提供主力「知識」。

現代的社會，人們需要的不僅僅是一款產品，人們獲得產品，是為了透過獲取產品以解決他們的某個問題。比如人們買某個品牌的電鑽，是為了打孔，買電鑽不是目的，打孔才是目的，是人們要解決的問題。因此，企業在提供產品的同時，也需要提供專業的解決方案。

每一家企業，都是諮詢企業，都是為消費者提供解決方案的諮詢顧問。每一家企業，也都是首席知識長，為顧客提供真實可靠有效的知識，告訴顧客應該怎樣更好地解決他們的問題。

所以，每一家企業，都要在自己的行業裡，成為行業的權威專家，承擔知識供應者的責任。

3）夢想化身

顧客在意的，不是產品，而是解決問題；再進一步，顧客在意的是更好的生活方式。

就如 iPhone（蘋果手機）的誕生，它不僅僅是一種手機產品，也不僅僅解決了電話和手機網路應用等問題，更重要的是它帶給人們一種新的生活方式，讓人們生活更加便利。

企業最終極的社會價值是改善人們的生活方式、改變世界，成為人們追求美好的夢想化身。

3．社會價值決定了企業的生死

需要與被需要，構成了一個人、一個組織的社會價值，社會價值決定了我們能否生存下去。

當人們喜愛企業的產品，養成了對企業習慣性的知識、諮詢方案的依賴，當企業成為人類未來夢想的化身，那麼企業將會被人們、被社會一直需要，企業也將一直存活下去。

之2　打造獨一無二的商業模式

在創業的準備階段，已經確定了創業的方向，選擇了創業專案，並創造了基礎的商業模式。創業的啟動階段，需要進一步創造商業模式，只不過這時候的創造，並不僅僅是停留在邏輯層面的構想，而是要落實到執行層面，對既定的商業模式進行測試和驗證，從而找出最小可行的商業模式，為接下來的複製做準備。

這個創業階段，可以稱為天使期，屬於創業的很早期的階段，其主要目的是驗證模式，讓模式的落實執行變得可能。

1．有沒有獨一無二的商業模式

有一個大前提是，我們是在創業，而不是做生意。創業和做生意的區別之一在於，創業或多或少做一些創新的事情，而生意往往是複製別人已經驗證過的舊有的模式。

基於這樣一個前提，我們創業過程中所找尋到並進行創造的商業模式，都是創新的商業模式，也都是獨一無二的商業模式。即使是做生意，其商業模式也不是百分之百的複製，因為客戶不同、時間不同、商業環境不同，總是有些新的調整加入到原本的商業模式當中去。

所以，無論是去創業還是僅僅做一門生意，所有的商業，其商業模式都是獨一無二的，如同沒有兩片葉紋完全相同的葉子一樣，也沒有商業模式完全相同的兩個商業。

不過，任何一個商業模式，又很難是徹底顛覆性的原創模式，總是能在社會的某個角落看到相同或者類似的商業模式。甚至有人說，創業根本就不需要什麼原創的商業模式；一個行業裡最好的商業模式，在過去的五到十年裡已經出現過，這個最好的商業模式可以用在未來的五十年裡；你所要做的，只是把這個最好的商業模式找出來。你要研究所在行業的歷史，看看那些成為同行業先烈的公司都是什麼模式，找到一個跟自己所要做的事情類似的模式，驗證、借鑑過來即可。

對於這種觀點的對錯，我不下任何判斷，可以借鑑成為我們創造商業模式的一個方法。我們要透過使用各種可能的方法，把我們的商業模式，打造成獨一無二的、有自己獨特優勢的模式，以此加強我們自己的辨識度，建構與其他商業的區別。

2·打造屬於自己的獨一無二的商業模式

任何一門商業的價值，在於其社會價值。而社會價值的本質在於為這個社會解決怎樣的社會問題。

所謂商業模式，就是某個社會問題的解決方式，以及在此基礎上實現的商業價值，也就是我們前面提到的：

(1)我們為哪些人群解決他們的問題？我們要定位清楚我們的客戶、使用者都是誰，他們長什麼樣子，有什麼特色，有什麼需要，等等。

(2)我們怎樣為這些人群解決他們的問題？我們提供怎樣的產品或服務，以解決他們的問題。現在的產品極豐富，我們還要能夠打造有獨特功能特色、有獨特價值特色的產品或服務，確實搔到人們的癢處。

(3)我們怎樣把解決問題的方案給到需要的人群？我們要尋找到一條低成本、體驗好、順暢的通路或通道，把我們的產品或服務送到需要的人群手裡。

(4) 我們為人群解決了哪些問題，以及解決的程度如何？我們要給出能夠解決人們關鍵問題的解決方案，並且能帶給真正需要的人以超出他們預期的使用價值。

在上面的解決社會問題的過程中，我們透過價值的交換，獲取屬於我們自己的商業價值。

在這樣一個商業的創作過程中，我們可以看到，我們追求的是在一個定位圈層裡的獨一無二，而不是絕對的獨一無二。很難做到絕對的獨一無二，所謂「人外有人，天外有天」。我們要做的是在某一個定位圈裡，有自己相對優勢、有比較優勢的事情。沒有必要陷入追求獨一無二的絕對優勢的迷思當中，挖掘我們自己的比較優勢，建構一個有比較優勢的業務，在這個有比較優勢的地方，逐步累積，建構優勢壁壘，也許有一天可以做到絕對優勢。

對於業務模式和商業模式的思考與創造，在企業發展的每個階段都要進行。而在初始啟動階段，最為重要的創造，是驗證設想的業務模式和商業模式。

3．快速驗證獨一無二的商業模式

下面是要寫如何驗證商業模式，尋找一條最小的業務鏈條，實現一個最小的核心業務。

建構了獨一無二的商業模式，就可以大刀闊斧地大幹一場了嗎？非也。敢這麼幹的，要嘛是有大魄力和大財力者，要嘛就是無知無畏者。建構了商業模式之後，最為重要的一件事情，是要對這個商業模式進行測試和驗證，並且打通一條最小可行的業務鏈條。

傳統商業的做法是這樣的。想出了一個點子，想做一門生意，就去做各種調查研究和分析，拿出一份可行性的研究，論證專案的可行性。確認專案是可行的，則開始做一系列的規劃，規劃討論沒有問題之後，就開始大刀闊斧地執行。先開發產品，花幾個月甚至幾年，做出來一款可於市場銷售的產品；而後再透過廣告的方式，大肆宣傳，招募經銷商，大量鋪貨，總是可以獲得一定數量的客戶；產品的銷售和使用，能給使用者帶來使用價值，在產品的銷售和推廣中，企業也可以獲取到商業價值。

傳統的做法，在原本產品稀缺的年代是比較有效的，不管怎樣的產品，有總比沒有好。而在現今行動網路的時代，傳統的做法已經不再適用了。因為傳統的做法，是一種單向的模式，就是企業把產品和服務單方面推給使用者。如果使用者確實需要產品，則企業就能大賺一筆，獲得成功；如果使用者並不買帳的話，則企業投入大量成本回收不了，只能虧損得一塌糊塗。

網路時代，所有的商業模式都需要測試。測試的時候，我們不要一個完全生產出來的產品，只要一系列的產品原型即可；我們沒有必要大面積鋪開推廣，只要先找到一些核心的種子用戶，收集他們的意見回饋；我們也不用考慮太多賺錢的事情，只要把價值做出來，有足夠多的使用者和流量，總可以想辦法賺到錢。

測試的關鍵在於要用盡可能快的速度、盡可能小的成本，去驗證我們的商業模式是否正確。測試盡可能快速，是因為創業過程中，最大的成本其實是時間成本，一個模式的構想，如果花了很長時間才被驗證不是人們想要的，浪費了大量的人、財、物不說，浪費的時間可能會讓你失去做這件事情的時機。為了避免在測試中太多的人、財、物浪費，測試過程中一定要利用當前所有的條件和技術，用最小的成本建構出模式中的每個環節的Demo，然後去快速測試、快速修改、快速換代。測試中的所有東西，不必是最終展現出來的東西，都可以用Demo的形式，包括Demo的產品、Demo的業務、Demo的策略等。

我們想做一套架構在雲端的企業管理系統，但我們不知道我們認定的潛在客戶群體是否願意使用雲端系統，以及對於雲端系統有怎樣的功能需求。所以，我們做了一系列的測試。

我們設想了這套系統應該是什麼樣子，初始時讓美工做了系統的效果圖，這算是我們產品最初期的Demo。接著，我們製作了一張行銷的頁面，掛到網站上；行銷頁面上，我們告訴我們的潛在客戶，我們在研發一套雲端系統，就是我們做的效果圖上展示的樣子，預期還有一段時間推出該系統，願意使用該系統的客戶，留下聯繫人、電話資訊，並留下對系統功能的需求，在系統上線之後，我們將第一時間通知這些客戶，這些客戶可以免費使用一年。透過這樣的方式，我們可以測試，有多少潛在客戶對雲端系統有使用需求，甚至可以收集一定的種子用戶的資訊，同時收集了這些種子用戶對於系統的功能需求，以用於正式開發時做系統設計。

再後來，我們使用了第三方的表單工具，建立了一套初步的系統，這是我們第二版的Demo。我們還沒辦法實現雲端的自己注冊、自動生成雲端服務的功能，就採用在注冊時做資訊審核的方式。每個使用者注冊時，我們需要一定的時間對使用者訊做審核，實際上並沒有做什麼審核，而是我們後台人工操作複製一套系統，提供給客戶，這需要一定的時間，我們以審核訊息為藉口，不會讓人看起來很低端。透過這樣的方式，我們用最小的成本，建立了一套初步可用的產品以及基本可行的業務，哪怕需要各種人工操作。我們推出這樣的產品和業務，讓種子用戶去使用，去體驗，獲取種子用戶的反饋，逐步換代，最終改善成一套完善的系統。

經過前面的這一系列的測試，我們確認我們的產品是有市場的，我們也獲取到了使用者對於產品的需求，尋找到一條可行的業務線。這驗證了我們的商業模式是可行的，接下來才是真正大刀闊斧大幹一場了。

從我們的故事中可以看出，要快速而小成本地驗證商業模式，並尋找到一條可行的業務線路，重點要做幾件事情。

(1) 快速製作產品原型。
(2) 快速開發種子用戶。
(3) 快速尋找並建構業務線路。

這是我們接下來要分享的東西。

之3　快速製作產品原型

1．什麼是產品原型

本節討論的產品原型，主要以網路類產品為主，其他類產品原型與此會有不同。

所謂產品原型，就是以某種較粗糙的方式展現出來基礎的產品形態，包括產品的大致外觀、框架和功能等。產品原型，是對使用者需求簡單直白的具象化的表現。

產品原型主要有三種形式：產品草圖原型、產品線框稿原型、實現互動功能的產品高擬真原型（High-fidelity Prototype）。不同的產品階段、不同的用途以及不同的投入成本，考慮採用不同類型的產品原型。

1）產品草圖原型

產品草圖原型，是一種展示產品核心概念的繪圖原型，使用紙筆或其他繪圖工具，繪製出產品核心的功能演示圖。

產品草圖原型，是一種低擬真的原型圖，可能是比較粗的線框稿，也可能只是一種塗鴉式圖畫，用於從概念層面展示產品大概是一個什麼東西，有什麼用處。這種原型常常用於記錄靈感和思考所得，也會用於做策略討論的輔助。

2）產品線框稿原型

產品線框稿原型是用繪製線框的方式展示出產品的主要功能、結構、布局以及互動等。根據具體不同的需要，線框稿可以細緻到界面的每個元素，也可以只粗略展示產品的大致框架，應用比較靈活。

產品線框稿原型專注於產品功能、資訊架構、使用者互動等產品開發前期比較關注的內容，而不涉及產品美學設計相關的部分，算是一種中度擬真的原型。

線框稿原型的投入時間相對較少，產出速度非常快，而對於產品的核心部分的展示相對比較全面，是我們常用的一種產品原型。

3）產品高擬真原型

產品高擬真原型展示出的產品在功能邏輯、使用者互動、視覺效果等方面極度接近最終的產品。這裡所謂的極度接近，只是從模擬的角度來講，而不具備真實的使用功能和有效的互動。

高擬真原型根據不同的使用目的，有不同的擬真程度。例如，用於使用者測試時，原型的擬真度就要高；用於與開發團隊溝通或者用於向管理層演示時，其擬真程度就可以稍微低一些。我們前一個章節提到的用於驗證商業模式的產品原型就是屬於擬真度比較高的高擬真原型。

一個高擬真原型的擬真度，具體要做到什麼程度，要透過全面衡量原型的目的以及投入的時間和成本的多少來決定。

2．產品原型的作用——為何要做產品原型

產品原型的作用主要有以下幾點。

1）產品概念的展示方式

對一款產品形成一個概念，或思考後有所靈感，透過產品原型的方式展示其產品概念。

2）使用者需求的梳理方式

初始獲取的使用者需求是雜亂無章的，透過構思產品、繪製產品原型的過程，對使用者需求做梳理，模糊的需求會變清楚，缺失不全的內容會顯露出來。

3）使用者需求的驗證方式

用圖形化的方式展示需求，拿給使用者或管理層進行驗證，確保收集到的使用者需求的正確性。

4）產品相關各類人員工作的依據

抽象的交流使用者需求，不同人員會有不同的理解。用產品原型的方式，各類人員溝通時，就有統一而直觀的依據，從而確保大家理解一致，降低溝通成本。各類人員在產品原型基礎上，更好地制定出專案週期和規劃，合理地安排各項工作。而且，產品相關各類人員都可以以產品為依據，開展各自的工作。

設計人員在產品原型之上，做視覺設計、使用者設計等；開發人員在產品原型之上，開發出產品的各項功能；測試人員在產品原型之上，了解需求，早做測試安排；經營人員在產品原型之上，提前熟悉產品，早做經營推廣；銷售人員在產品原型之上，把握產品，就可以展開預售了。

5）開展商業模式驗證的基礎

把產品原型，尤其是高擬真的產品原型，當作真正的產品一般，圍繞產品建構業務原型，在種子用戶和早期使用者當中進行宣傳推廣、銷售經營、測試換代等，像正式業務一樣經營起來，可以及早驗證需求、收集使用者的回饋，對產品進行換代。

用產品原型和業務原型的方式，實現策略執行上的快速啟動、快速換代，在市場競爭中快人一步。一步快，步步快，從而贏得策略執行上的先機。

3．怎麼快速製作產品原型

產品原型在專案啟動的初期階段就要建立，採用精益創業的理念，用最小的成本、最快的速度進行製作。

怎樣快速製作產品原型呢？針對不同類型的產品原型，有不同的製作方法。

1）產品草圖原型

產品草圖原型一般採用手繪的方式製作，所需的工具只是紙筆。

草圖原型主要展示核心的概念和功能，需要的擬真度比較低，繪製起來非常快速和靈活。

只要一支筆、一張紙，不需要太多的繪製技能，隨手就可以繪製。我們聽到的很多商業故事中，主角都是在吃飯時，在一張紙巾上繪製出了偉大產品的原型。

草圖原型也可以使用一些工具進行繪製，比如各種繪圖工具。PC端的軟體、移動端的APP。使用工具繪製的草圖原型，雖然比手繪麻煩一些，但是好處在於方便儲存和傳播，也是不錯的選擇。

2）產品線框稿原型

產品線框稿原型要展示出產品的功能、結構、布局以及互動等要素，複雜度相對較高一些，一般會用原型設計的工具來進行製作，如Axure RP、Mockup、Justmind（APP）、Keynote、PPT、Photoshop等。每種工具都有不同的特色，要掌握相應的操作技巧，才能有效率地繪製線框原型；每種工具也都各有限制，因此繪製出來的線框原型也各有特色。

例如，我們在二〇一二年創業時，使用PPT作為原型的繪製工具，大致上只能繪製出界面的線框，互動的展示就比較困難，而且繪製的工作量也較大。後來的創業中，改用主流的Axure RP，工作效率有很大的提升，繪製出來的原型擬真度也更高。

也可以使用手繪的方式繪製線框原型，擬真的效果會差一些，另外繪製的工作量較大，且不易於修改、保存和傳播，所以採用手繪方式做線框原型的人比較少。

3）產品高擬真原型

產品高擬真原型，因為極度逼近真正的產品，已經無法用手繪的方式製作原型，只能採用工具繪製的方式實現；也不是所有的工具都可以做到高擬真的產品原型，推薦使用幾種專業的產品原型設計工具，如 Axure RP、Mockup 等。

除了使用工具製作高擬真產品原型外，還可以直接用代碼開發的方式製作原型。只不過，這裡的製作並不是實現完整的功能，而是對於核心的功能，實現基本的模擬效果即可。

4．產品原型的製作原則

產品原型製作需要遵循一些原則，具體如下。

1）確定產品原型的受眾和意圖

不同產品原型的受眾、不同產品原型的使用目的，決定了產品原型類型的選擇、產品原型的擬真度高低以及不同產品原型製作工具的選擇。

2）產品原型的製作也要做規劃

我在各種地方不斷強調，做任何事情都要有一定的規劃。規劃的用處在於執行時有可以參考的基準。即使做原型的成本很低，但是毫無規劃、亂做一氣，也會造成成本的浪費。

3）產品原型夠好就好

原型本質上就是一個粗略的東西，是最終完善產品的簡略版本，注定是不完美的，也沒有必要完美。所以，產品原型製作，就是要花最短的時間和最少的成本，表達出產品的核心理念、主要功能和大致的互動即可。即使是高擬真的原型，也只要做到合適的擬真度，沒有必要為了追逐完美，而浪費大量的時間，消耗大量的成本，這就失去原型原本的意義了。

4）原型要點到即止

產品原型也不是一次性做出來所有的東西。跟產品的換代一樣，原型也要根據需要，從最關鍵之處、最核心的功能開始做起，不斷地換代擴展，構成完整的原型。甚至有些時候，並不需要做成一個完整的原型，只要做原型的原型即可。

做產品原型製作的一個關鍵點在於按照需求製作，點到即止。原型存在的意義在於快速而低成本的驗證假設，製作原型要聚焦在製作的目標上。

5）原型要快速而低成本

產品原型不是最終的產品，是用來驗證假設的，所以原型製作的速度要足夠快，而製作的成本要遠低於產品開發。如果驗證出假設是對的，就可以快速投入產品的研發，這自然皆大歡喜；即使驗證出假設是錯的，也沒有浪費太多時間和成本，可以繼續提出假設並進行驗證。

5．非網路產品的原型製作

以上討論的產品原型製作，是基於網路、軟體類產品進行討論的。創業專案中，也有很多的產品是非網路的產品。但大致上，產品原型的思路是類似的，只是原型的製作方法有所區別而已。例如對一些實體類的產品，也可以繪製草圖原型、線框原型，至於高擬真原型就有所不同了。

實體類產品的原型，一般稱為樣品，製作高擬真樣品，稱為打樣。樣品可以用泡沫、塑膠之類材質的東西，製作一個實體的東西，用於展示實體產品的外觀和功用；也可以用真正的材料製作出具備全部核心功能的樣品、樣機，透過該真實樣品，做產品的展示、使用者的測試等。

不管是虛擬的產品，抑或實體的產品，具體的原型製作方法可以具體地研究，關鍵的是掌握這種原型的理念，用原型來驗證我們對於產品的假設，進一步用原型來驗證我們對於整個商業模式的構想。

之4 開發種子用戶快速驗證產品和模式

1．什麼是種子用戶

種子用戶是產品的第一批使用者，他們可以憑藉自己的影響力，吸引更多目標使用者。

種子用戶有一系列的特色。

1）種子用戶有選擇的標準

種子用戶又不等同於初始使用者，因為種子用戶有選擇的標準。一般選擇影響力高、活躍度高的初始使用者作為種子用戶。那些影響力不高、不活躍，無助於目標使用者數量擴散的使用者，只能稱為初始使用者，他們對初期產品的推廣幫助不大。

2）種子用戶的質量比數量重要

選擇種子用戶，要講究精挑細選，使用者的性格要盡量與產品的調性吻合，或者使用者的影響力要盡量能波及目標使用者群體。

種子用戶要少而精，這並不是壞事。相反，低質量的使用者引進得越多，不僅不利於產品性格的塑造，還會影響真正的種子用戶對產品的認知，形成偏見，甚至離開產品。低質量的使用者，不如沒有使用者。

3）種子用戶能夠回饋產品建議

優秀的種子用戶，不僅會經常使用產品，還會活躍於產品社群，經常發表言論，帶動其他使用者討論和互動，最重要的是，能夠為產品開發者提供中肯的意見和建議，幫助產品不斷提升性能和功能，具有主角精神的使用者，是最好的種子用戶。

並不是使用者的互動越多越好，還要看互動的內容，如果僅僅是無意義的調侃、吐槽甚至是抱怨，不僅不會給產品開發者帶來有用的建議，還會影響產品的社群氛圍。

2．種子用戶也有一系列的管理週期

種子用戶是產品使用者的一種類型，如果整體的產品使用者一樣，也存在使用者管理的問題，具體到種子用戶，也就是種子用戶的管理。

按照使用者生命週期的管理，種子用戶的管理也分為以下幾個階段。

(1) 如何獲得種子用戶。

(2) 如何維護種子用戶活躍、不流失。

(3) 如何讓種子用戶推廣。

3．如何快速獲得種子用戶

要快速獲得種子用戶，就要找到目標種子用戶所在的「魚塘」，然後施展你的「釣魚」技能，把種子用戶「釣」到我們的魚塘裡。

首先是找到目標種子用戶所在的「魚塘」。要想找到「魚塘」，就先要明確自己需要找什麼樣的魚，不同種類的魚會聚集在不同的「魚塘」裡。所以，要根據自身產品的市場定位、使用者定位，勾勒出清晰的使用者畫像。拿著使用者畫像，尋找這些使用者都會聚集在什麼樣的「魚塘」裡。

目標種子用戶所在的「魚塘」，各式各樣。在線上，「魚塘」可能是別的網站，比如一些網站、論壇、社群網站等；「魚塘」也可能是別人的 APP 或者官方帳號；「魚塘」也可能是別人的社群，比如 Line 群組、Telegram 群組等。在線下，「魚塘」可能是使用者經常出沒的商場，也可能是使用者所在的社群，也可能是使用者所參與的俱樂部或沙龍。

不管是線上還是線下，有了清晰的使用者畫像，只要用心去找，總能找到使用者所在的「魚塘」。找到他們所在的「魚塘」，接著就是撒魚餌釣大魚了。

其次是要掌握釣魚的方法，撒魚餌釣大魚，從目標種子用戶所在的「魚塘」裡，把他們「釣」出來，放到自己的「魚塘」當中。釣魚的方法有很多種，如下。

1）直接邀請

不用拐彎抹角，直接在「魚塘」裡，邀請種子用戶參與到自己產品的測試和使用當中。這就要對自己的產品非常有信心，相信真的能為使用者帶來價值，使用者能對你的產品感興趣。最好能撒一些「魚餌」，贈送一些禮物或者給予一些好處，讓使用者願意到你的「魚塘」裡來，去使用和測試你的產品。

也可以建立邀請機制，或者打造一種稀缺感和神秘感，如Google+最早就是用邀請機制完成初始使用者累積的；或者給邀請者以獎勵機制，邀請人加入能夠獲得獎勵，如Uber就用給予邀請者優惠券的方式進行推廣。

2）口碑傳播

有了一些種子用戶之後，依靠種子用戶的口碑傳播，很容易帶來很大的傳播效應，在網路時代，口碑傳播是最基礎的傳播。這麼做對於產品要求很高，產品要滿足使用者的核心需求，使用者還要用得很開心、感覺很好玩，才會主動傳播。

3）名人效應

花錢邀請有影響力的名人成為你產品的種子用戶，利用名人的知名度吸引一般使用者。這是一條效果很好的釣魚技巧，因為這個「魚餌」是足夠有吸引力的，付出的代價是要花錢，甚至要花很多錢。

使用名人效應時，對於明星的選擇，要注意跟產品的特色、目標使用者的特徵相匹配。

4）合作推廣

與種子用戶所在的「魚塘」合作，花一定的費用或者承諾後續的其他合作，由此換取「魚塘」的官方推廣。也可以與其他的新推出的創業產品合作，相互交叉推廣，互相吸引種子用戶。

採用這種方式需要注意的是，要尋找那些目標客戶群相同或者類似的產品去合作，否則容易得不償失。

5）線下推廣

最為樸實但是也最為有效的獲得種子用戶的方法是線下推廣，比如邀請周邊的親朋好友使用你的產品，這往往是很多產品最早的種子用戶的來源。或者去線下種子用戶聚集的區域發傳單，價格便宜量又大，只是宣傳上要足夠吸引使用者。

4．如何維護種子用戶

獲取到種子用戶，只是萬里長征的第一步。種子用戶到了你的「魚塘」裡，接下來想辦法刺激種子用戶、留住種子用戶才是最為重要的工作。

如何刺激種子用戶、留住種子用戶呢？

1）用互動勾住種子用戶

建立與種子用戶的溝通通路，經常與種子用戶進行真實的交流互動，與種子用戶交流產品的使用體驗，對種子用戶的回饋要表示感謝。對每一個種子用戶的參與、意見和建議表示感激。

透過這樣真實而真誠的溝通互動，刺激種子用戶參與產品的討論，勾住種子用戶留在平台上，進一步建構使用者社群，形成使用者的黏性，黏住使用者。

2）用獎勵激勵種子用戶

利用心理學中的「互惠原理」，贈予種子用戶一些小禮品、優惠券之類的激勵，使用者得到了好處，自然會參與到產品的使用和測試當中，並給出真實的反饋和意見。

3）用內容吸引種子用戶

對於新使用者來說，你的東西好玩有趣，使用者就願意進行交流互動；如果你的東西內容匱乏、毫無趣味，種子用戶就會覺得沒什麼意思，很容易流失。網路時代，「內容為王」還是很有道理的。

現在，不管是火熱的直播平台，還是方興未艾的VR（虛擬現實），技術本身都不是問題，問題是缺少內容。誰有優質的內容，誰就能吸引並留住大量的使用者。誰內容匱乏，則使用者也自然會流失。

4）為種子用戶建立自我展示的舞台

為種子用戶建立一個自我展示的舞台，給他們尋找觀眾，讓他們被頂禮膜拜，這樣他們就會有極大的精神滿足感，他們就會持續活躍地展示自己，參與互動，就會留在產品之上。

不管用什麼樣的方式去留住種子用戶，最關鍵的是留下種子用戶的心，讓他們從你的產品中獲得讚美、獲得榮譽、獲得認同、獲得朋友。一旦有所羈絆，他們就不會輕易離開。

5．如何讓種子用戶推廣

種子用戶管理的最後一步是讓種子用戶進行推廣，介紹更多的人加入其中，快速地擴大使用者群。

讓種子用戶做轉介紹，一種方式是給予激勵，比如給予一定的禮品、優惠券的獎勵，激勵種子用戶邀請更多人加入；另一種方式就是透過口碑，讓使用者主動地去傳播，這往往是最基礎、最有效的轉介紹的方式。

要讓種子用戶主動做口碑傳播，要求產品具有足夠好的口碑才行，產品不僅要滿足使用者的功能需求，更要讓使用者用得開心、玩得開心，使用者才願意主動幫助你傳播。

當然，也要主動幫助使用者去傳播，最大限度地降低使用者傳播的複雜度。你要幫使用者準備好傳播的內容，比如一句超簡單的slogan；你也要幫使用者做好傳播的工具，比如一個點擊按鈕。使用者只要說一句簡單的話，輕輕點擊一下，就可以幫你把口碑傳播出去。

之5　用什麼方式賣東西

找到使用者之後，接下來就是把東西賣給使用者，從中賺到錢。傳統商業中，多數情況下，賣東西和賺錢基本是同時發生的，可以看作一回事。而在網路的商業環境下，賣東西和賺錢則是兩回事，常常在不同的時間裡發生。很多時候，在「賣東西」的時候，根本不知道用什麼方式去賺錢，東西賣得多了，慢慢地摸索賺錢的門路。

這裡說的「賣東西」，不一定真的就指發生貨幣交易的買賣，而是把產品交付給使用者，或者使用者知道你的產品，得到你的產品，使用你的產品。賺錢則是從使用者手裡獲取收入，不管是傳統商業，還是網路商業。

我們這一章節想要討論的就是如何把東西賣給使用者，也就是如何讓使用者知道我們的產品，獲取並使用我們的產品。

使用者獲取並使用我們的產品，有一定的流程順序。大致的流程順序如下。

1．使用者知道我們的產品

我們需要先找到我們的使用者在哪裡，並且告訴他們我們有怎樣的產品。這是讓使用者獲取並使用我們產品的第一步，使用者都不知道我們是誰，我們的產品是什麼，自然不可能有後續的動作。

讓使用者知道我們的產品，這一步是行銷推廣的工作。要明確產品的定位，也要明確使用者的定位，產品的定位和使用者的定位相匹配，透過行銷推廣的方式，比如做廣告、做活動、網路推廣等，讓盡可能多的目標使用者知道我們產品的存在。

2．使用者對我們的產品感興趣

透過我們產品的功能和特色，讓我們的使用者對我們的產品感興趣。想像一下，我們做網路推廣，使用者看到了我們的網路推廣廣告，看到了我們產品的介紹，包括功能和特色，這些功能正是他們所需要的，這些特色對他們非常有吸引力，他們對我們的產品非常感興趣，想要獲取我們的產品。

這一步依然是行銷推廣的工作，使用者可能還沒有見到我們真實的產品，僅僅是透過推廣廣告或者文案，了解到我們的產品功能和特色。推廣的廣告或文案，要能夠清晰地描述出產品功能和特色，這些功能和特色是使用者所需要的、想要的，才能對使用者產生吸引力，讓他們對我們產品感興趣。

3．使用者獲取我們的產品

使用者對我們產品感興趣之後，會來跟我們的客服溝通，詳細了解產品訊息；有些情況下，對產品進行試用，獲取直接使用體驗；再去了解市場對我們產品的評價訊息；一番考量之後，被我們的產品所打動，相信我們的產品能滿足他所需要的，於是下單購買或者下載我們的產品，獲取到我們的產品。

這一步工作是行銷、銷售和經營一起的事情。產品要確實滿足使用者的需求，能打動使用者而不是說服使用者去獲取我們的產品。我們不需要說服使用者獲取我們的產品，只要一個點能打動使用者，讓他行動起來主動獲取我們的產品，這就夠了。

4．使用者使用我們的產品

使用者獲得了我們的產品，必然是要使用產品來解決他的問題。使用過程中，可能會出現一些問題，需要客服或技術支持給予協助解決。使用者也會對使用的情況做反饋，或者提意見，也許要客服對這些訊息進行收集。這些訊息是非常重要的訊息，尤其是在產品開發的前期。

使用者使用我們的產品，確實解決了他的問題，使用的體驗又很好、很棒，他就會持續使用，並認可我們的產品。如果使用者認為我們的產品沒能解決他的問題，或者使用的體驗很糟糕，他就會選擇離開。

這一步，就需要經營和產品一起合作努力，確保產品能夠滿足使用者需要，又在產品使用中給使用者很好的體驗，使用者所遇到的問題我們都能夠幫助解決。這樣才能留住使用者，建立使用者黏性。

5．使用者持續使用我們的產品並轉介紹

對於認可我們產品的使用者，他們會持續使用，並形成對我們產品的口碑。我們則在滿足這些使用者需求的同時，引發他們把我們的產品介紹給他的朋友，形成口碑傳播。

行銷和經營一起合作，透過精神層面的激勵、物質層面的激勵去鼓勵使用者轉介紹，並從轉介紹中獲得好處。足夠好的產品，也會產生自發的口碑傳播，只是這對產品提出了極高的要

求。

之6　用什麼方法賺錢

開發出產品，找到了使用者，把產品交付給使用者，使用者使用產品獲得了他們想要獲得的使用價值，在整個商業模式當中，就只剩下如何實現我們的商業價值了。

實現我們的商業價值，說白了就是我們要賺錢。在專案的早期，尤其是一些網路類的專案，賺錢並不是最重要的事情，最重要的是前面的三件事：產品、使用者、市場。做好了這三件重要的事情，公司值錢了，以後總可以找到辦法賺錢，這是網路企業的思維——先值錢，再賺錢。

創業專案，從一開始就要對如何變現、如何賺錢有所規劃，在適當的時機變現賺錢，生成現金流，就會讓創業專案的風險大大減小。常規而言，變現賺錢的方式主要有以下四種。

1．直接收費

有些專案，就是對產品或服務的直接銷售，現金交易。銷售出去產品，獲取相應的現金。這是最為直接，也最為常規的一種變現賺錢的方式。

例如，在線上線下的店鋪賣東西，每賣出去一份東西，就有一份收入，可謂一手交錢、一手交貨。還有些軟體產品，也是直接的收費軟體，想用這套軟體，就要直接購買授權等。

2．廣告變現

在自己的產品中，為其他企業的產品做廣告，由此來獲取廣告收入，這就是廣告變現。廣告變現是網路上最主要的變現方式之一。

廣告變現也有多種形式。廣告平台是我們常見的一種形式，如Googleadsense。在自己的產品裡掛上這些廣告平台的代碼，這些平台會自動推送廣告到你的產品上，你透過展示廣告獲取廣告平台的廣告分廠。另一種是直接掛客戶的廣告，客戶直接付款給你。還有各種大銷售平台的銷售分紅計劃。

除了以上這些，我們見到的各種網站流量交易等，也可以算是一種廣告變現的方式。

3．電商變現

電商變現，是指你做了一款其他方面的產品，這個產品累積了大量的使用者，這些使用者有很多其他的需求，你透過建立一個電子商城，賣給這些使用者所需要的東西，從而實現變現。

你的產品負責吸引使用者、累積使用者，然後把你的使用者引導到自己的商城去，透過電商銷售產品來賺錢。典型的例子是「羅輯思維」，它用它的影片內容累積了大量使用者，再透過電商賣書來賺錢。行動直播也類似，透過直播內容吸引粉絲，然後把粉絲引導到自己的平台上去實現變現，這是直播的主流變現方式之一。

4．增值服務

基礎的功能免費，而想要更多、更好的功能則要收費，這就是增值服務。基礎的功能是免費的，想要更多的其他功能，就要成為會員，就要收費了。

很多的網路服務、軟體工具，都會採用一種叫 freemium 的收費模式。所謂 freemium，就是免費加收費的模式，先把服務免費提供出去，在免費基礎上，藉著各種傳播管道吸引到大量使用者，然後提供更高級的有附加價值的服務給高級使用者，對這些功能進行收費。這種模式，在本質上也是一種增值服務。

4 制定策略規劃

人們的需求多種多樣、無窮無盡，滿足人們的需求，可以做的業務也多種多樣、無窮無盡.

可是，你不能參與天下所有的熱鬧，只能專注少數幾個，甚至只能是其中一個，才能把這個熱鬧玩得火熱。

作為一家新創企業，乃至上市的企業，與人們的廣泛需求以及相應的市場機會相比，其所擁有的資源終究是有限的，無法做所有的業務，賺所有的錢。同樣地，一家企業只能專注於少數幾個行業領域、少數幾個專精的業務。新創企業更是如此，甚至只能選擇一個業務，而放棄其他所有的機會。

在做什麼、不做什麼之間做選擇和放棄的遊戲，這就是策略，企業策略。

之1 策略就是要做什麼和不做什麼

1．什麼是策略

人人都知道，策略是一個很重要的事情。史丹佛大學商學院著名策略學教授伯格曼說：你怎麼理解策略這個詞就決定了你在如何經營你的企業。但是，策略究竟是什麼呢？

策略本是個軍事概念，指的是作戰的謀略、指導戰爭全局的計劃和策略。找一個教科書般的概念定義：

(1) 策略，是一種從全局考慮謀劃實現全局目標的規劃；

(2) 實現策略勝利，往往有時候要犧牲部分利益，去獲得策略勝利；

(3) 策略是一種長遠的規劃，是遠大的目標，往往用於規劃策略、制定策略、實現策略目標的時間是比較長的。

在商業領域裡，策略的系統定義最早是由錢德勒教授提出的：策略是確定一個企業的長期目標，設計行動方案，並據此分配資源的決策。這是策略的最經典的定義。在一九〇〇年代，麥可．波特論述：策略就是創建一個價值獨特的定位。這是策略的定位學說。

借鑑以上的策略定義，我們可以看到，對於企業而言，策略主要包括幾個部分。

(1) 企業長期的目標：企業要追逐一個怎樣宏觀的、全局的、長期的目標。

(2) 企業的策略定位：企業為了實現長期目標，要做什麼，要捨棄什麼。

(3) 企業的全局規劃：如何實現企業長期目標、確立企業定位的全局路線圖。

(4) 企業策略的落地方案：獲取所需的資源，按照企業全局規劃路線圖落地企業策略。

對新創企業而言，企業的長期目標是很清楚的——讓企業生存下去，把企業做大做強。企業策略的核心在於企業的定位，簡單講就是從長遠全局來看，企業做什麼以及不做什麼。

作為一個創業者，要花很多的時間、很長的時間，去不斷地思索，思索清楚你的企業要做什麼、不做什麼。這是創業者必修的課程，也是主要職責所在。

2．企業要做什麼

那麼問題來了，你的企業究竟要做什麼呢？作為創業者，應該怎麼考慮你的企業要做什麼呢？

你需要思考下面的這些問題，並給出你的答案。

(1) 你的企業為什麼人服務？這些人是什麼樣子的，有什麼特色？
(2) 你的企業為什麼要為這些人服務？為什麼你的企業能為這些人服務？
(3) 你的企業為這些人提供怎樣的服務？提供怎樣的產品？怎麼為這些人提供產品？
(4) 你的企業在什麼時候為這些人服務？在什麼情境下為這些人服務？
(5) 你的企業為這些人提供什麼程度的服務？為這些人帶來怎樣的價值？

這些問題的關鍵點還是在於確定清楚企業的定位，定位清楚客戶群體，定位清楚客戶群體的需求所在，從而針對特定的客戶群和客戶需求，給出確定的產品和服務，帶給客戶明確的價值。

反反覆覆地思索這些問題，思索清楚這些問題的答案，就基本清楚你的企業定位了，包括市場定位、使用者定位、產品定位、價值定位等，也就會清楚你的企業要做什麼了。

3．企業不做什麼

做企業的策略定位時，可以得出企業要做什麼，也能大概得出企業不做什麼，例如，業務方向不相關的事情不做，即使看起來很賺錢等。

即使如此，企業可以確定的定位裡，可以做的事情依然很多。比如賣書，可以賣的書依然很多，外文書、中文書、新書、舊書等。那是不是這些事情都能做呢？也未必如此。

企業策略的內涵中，包含策略落地方案的部分，要考慮企業資源的情況，把企業策略進行落地，這時候需要對企業做什麼的事情進一步做篩選。對照企業策略內涵的內容，在考慮清楚企業做什麼之後，還需要考量清楚：要不要做，能不能做，怎麼做，以及能做到什麼程度。

也就是說，企業在做策略規劃時，每件要做或者不做的事情，都要全盤考慮。

(1) 企業做什麼事情？

(2) 企業要不要、想不想做這件事情？

(3) 企業能不能做這件事情？

(4) 企業怎麼做這件事情？

(5) 企業能把這件事情做到什麼程度？

對這五個問題全盤考慮之後，才能決定這件事情能做或者不能做。

對於公司的創始人或CEO（首席執行長），確定公司做什麼，不是什麼難事情，甚至說是比較容易的事情。在一個公司定位之下，我們可以選擇做的事情是很多的。正因為可以選擇做的事情多，所以決定不做什麼事情，是一件很難的事情。一方面要克服做這些事情的慾望，另一方面要用上面的五個問題去盤問每件可選擇做的事情，這本身就非常辛苦。

雖然很辛苦、很難，但這也正是一個優秀CEO的價值所在。有人說，一個優秀CEO，其工作的核心不是確定做什麼事情，而是確定不做什麼事情。我深以為然。

4．優秀的創業者，要清楚企業做什麼、不做什麼

公司的決策者，要在公司的各種限制條件下，恰到好處地平衡公司資源以及公司想要做的事情，在可以操控的資源之下，最大化地利用可以利用的資源，做到對公司發展最好的事情。

什麼是對公司發展最好的事情呢？實際上，這個問題很難明確回答。每家新創公司，做的事情都是新的事情，創業的時候，大家都在摸著石頭過河，誰也不知道什麼是對的，什麼是錯的。可以借用前面提到的策略的五個問題去回答，但對這些問題的回答，也有不同的方式。一種方式是決策者根據自己的經驗，做天才式的判斷和選擇；另一種方式是進行小步快跑、低成本快速試錯，試著試著就能找到一個對的方向了。

不管是哪種方式，都要求公司決策者設法弄清楚自己的企業做什麼、不做什麼。專注於企業該做的事情，堅決不做企業不該做的事情。

之2　開始時，至少要清楚第一步要做什麼以及怎麼做

企業策略要確定清楚：

(1) 企業的長期目標；
(2) 企業的策略定位；
(3) 企業的策略規劃；
(4) 企業策略的執行方案。

前面重點在討論企業於長期目標確定的情況下，如何選擇做什麼、不做什麼的策略定位。接下來就是企業要制定策略規劃並執行。

所謂的策略規劃，就是在企業定位的基礎上，從當前狀態到企業目標之間找到一條行動的

路徑，規劃出企業怎樣一步一步地從現在實現企業的目標。

透過以下的步驟制定策略規劃。

(1) 長期企業目標，拆解成一個一個里程碑目標。
(2) 每個里程碑目標，都要經過策略定位的五個問題的責問，確保里程碑目標是可行的；不可行，則更換里程碑目標。
(3) 選擇可行的里程碑目標，串聯起來成為一個路線圖。
(4) 為路線圖上的每個里程碑節點評估所需的時間、資源等，就大致成為一個策略規劃。
(5) 選擇滿足企業時間限制、資源限制的最優的策略規劃，作為執行的策略規劃；同時選擇幾個次優的策略規劃，作為備選方案。

策略規劃方案制定出來之後，剩下的就是策略規劃方案的執行，依託規劃實現一個一個的里程碑，最終實現策略目標。

這樣一個過程，邏輯上是沒有什麼問題的。問題在於，策略規劃在執行時，總是會出現計劃趕不上變化的情況，尤其是在網路的環境下。網路時代，社會飛速發展，現在號稱在網路上，三個月就是一年。如此快速而劇烈的變化，我們制定的很多規劃，在很短的時間內就趕不上變化了，勞心勞力制定的規劃就變得毫無用處了。在這種情境下，制定長遠的策略規劃就沒有什麼必要了。所以，很多企業經營者就不願意制定策略規劃了。

但是，沒有策略規劃的話，就變成了「船到橋頭自然直」，無法對企業的發展進行掌控；而且沒有可以參考的依據，我們也無法知道我們企業發展的好與壞。所以，該要有的策略規劃還是要有的，只是不要那麼長時間的而已。

棋力高的棋手，下棋的時候可以往前看好幾步。棋力一般的棋手，下棋的時候可能就只能往前看一兩步。創業也是如此，我們即使做不到像高手一樣能規劃出未來整個發展的路線，也該如一般的棋手一樣規劃出下一步應該做什麼。起碼在我們走當下這一步棋的時候，對未來就有所預期和規劃，方向明確、有的放矢，才可能有所成效。

如果往前一步都不看的話，那就變成一個不會下棋還愛胡亂下的人，不要也罷。

5 尋找資金與融資

錢不是萬能的，沒有錢卻是萬萬不能的。能用錢解決的事情，都不是問題；沒有錢來解決問題，到處都是事情。

創業初始，到處都是事情，百廢待興，到處都需要錢。可你的業務還沒有做起來，沒有什麼收入。那麼問題來了，解決這些事情的錢，該從哪裡來呢？

之1 啟動資金哪裡來

專案啟動，人和錢是必備的。

人嘛，可以靠夢想唬弄而來，可以靠金錢吸引來，所謂財散人聚。那麼錢，也就是專案的啟動資金，該怎樣得來呢？

我在二〇一二年剛開始創業的時候，跟我當時的合夥人是兼職創業，可以一邊拿著原公司的薪水，一邊做著創業的專案。從創業的專案來看，我們相當於拿著原公司的錢來啟動專案。

我把這種創業形態，稱為「騎驢找馬」式創業。這種形態的創業失敗率很高，投資人不看好這種創業，我卻很推薦這種創業方式。只要不是鐵了心要創業的人，有想法、有些資源，想嘗試創業，不妨使用這種創業方式。

我見到過一些團隊一開始就是這麼創業的，後來也發展得很不錯。採用這種形態創業的前提是，你的團隊已經有了大致的方向和產品，你們需要用兼職的方式去低成本地驗證商業模式並尋找一條最小可行業務鏈條；如果驗證商業模式是正確的，多數的團隊就會從原公司離職，全職投入創業當中去；如果驗證商業模式是錯誤的，你們的損失也很小，可以繼續用兼職的方式選擇另外的方向去驗證商業模式。

所有兼職創業的形態，有兩個嚴重的問題：一個是創業有退路，不能全力以赴；另一個是時間不能保障，無法擁有現代創業中的速度優勢。這兩個問題，都決定了兼職創業形態失敗率很高，資本方基本上不會投資。所以，我後來選擇了全職創業。

我正式全職創業的第一個專案是做工廠管理的軟體，專案的資金來源有兩個：一個是專案的創始股東的資金入股；另一個是拿了政府的政策資金，也算是政府給了啟動資金。自己掏錢這件事，我們等會再說。拿政府政策資金作為啟動資金，其實是一個很好的選擇。

全民創新、全民創業的時代，全國上下都在鼓勵創業，也有一系列的政策支持創業。比如一些地方政府會做人才引進的專案，或者做各種產業園區專案，他們吸引特定類型的人才或者新創企業進入他們的專案當中，會提供資金支持和各種政策支持。對於這樣的機會，新創企業要學會去尋找和把握。

我第二個正式創業專案是做生鮮電商，主打新農業和消費升級的網路專案。這個專案的啟動資金主要來自種子投資的資金，不過這個種子投資並不是正規的投資機構的投資，而是一個有點關係的富豪投資的。在種子資金之外，我和合夥人也多少投入了一些資金。

找投資人或投資機構融資，獲取種子資金，是正規創業的啟動資金的主要來源。有了創業的想法，做了一系列創業的準備，創造了專案的模式，整理出來一份事業營運計劃之後，盡量去找正規的投資人和投資機構兜售你的想法，從他們那裡獲取專案的啟動資金，同時也可以獲取這些投資人和投資機構對你專案的看法，他們見過同行業很多的專案，能對你的專案給出很多很好的建議。

要注意的是，尋找的投資人或投資機構一定要正規、專業。非專業的投資人、投資機構在投資人與創業者關係上往往心態不正確，很容易動輒想插手專案、左右決策，從而引發投資人和創業者的矛盾。我的生鮮電商專案的種子資金，拿得就非常不開心。資金入帳沒多久，投資人就對我們的經營指手畫腳，各種批評，讓我很後悔拿這樣的投資。

我有一位連續創業的朋友，2016年年初啟動他的新專案。剛開始那會，整個團隊沒有什麼運作資金。我們一幫朋友看他這麼困難，就決定每人出一些錢給他做啟動資金，算作募資的種子資金。這種啟動資金的來源，也是比較常見的。你想要啟動一個專案，從自己的家人、親戚、朋友那裡獲取一些資金的支持，這好像也是順理成章的。

不過從親朋好友那裡獲取啟動資金需要十分小心。家人給予的啟動資金還好一些，多數家人對於你的支持是無條件的，專案失敗了，這些資金回收不回來也就算了。但是，對於一些親戚朋友投入的資金，一定要慎之又慎，因為一不小心友情、親情就決裂了。

早期創業專案風險很高，失敗的可能性很大，對於親朋好友的資金要明確清楚專案失敗之後會怎麼辦。基於這種狀況，一般特別在意成敗和是否賺錢的人的錢，能不要就不要了；不能對你和你的專案%百放心、%百支持的人的錢，是一定不能要的；那些沒有閒錢的人的錢，也最好不要。就如我們對那位朋友的資金支持，基本上是沒去想這筆錢能夠回收來，是純粹支持朋友的專案。當然，後續如果能賺回來錢，那自然是最好。

我還有些朋友，本身很有錢，沒什麼資金壓力。他們多數專案的啟動資金都是自己出錢，他們自己做自己的種子，自己做自己的天使，其實也是非常不錯的。當然，要做到這種程度，必須自己本身就有錢才行。那種把自己身家性命全押進去創業專案中的，我是心存敬佩，而絕不鼓勵的。

以上這些是我自己接觸到的各種創業啟動資金來源的途徑，我知道還有形形色色的啟動資金的來源。具體為何，其實不那麼重要，只要你有善於發現資源、整合資源的能力，你能找到各種各樣的資金來源，但前提是你要能承受不同來源的資金背後所帶來的各種可能的後果。

之2　要不要自己掏錢創業

在我正式的創業專案中，我基本上都自己出資一部分在專案上，有的專案上還出資不少。我看到好多朋友的專案，他們要嘛是完全自己出資啟動，要嘛是在專案當中出一部分資金。當然，也有很多的專案，創始團隊的人從頭到尾都沒有掏一毛錢。

那麼，問題來了，在創業中，我們要不要自己出資去創業呢？

從經濟的角度講，當然是自己能不出資就不出資比較好，能用別人的錢來做自己的事情，何樂而不為呢？一方面不管專案成功還是失敗，自己都沒有什麼財務上的風險；另一方面花別人的錢不心疼，沒有太多的壓力負擔，很多事情做起來可以大刀闊斧、快刀斬亂麻，做出來的效果往往還很不錯。

從創業的角度講，作為創始人或創始合夥人，自己完全不出資去創業有一系列的問題。

(1)正因為沒有財務上的風險，也沒有財務上的約束，創始人或創始合夥人跟創業專案沒有較深的連結，面對較大的困難和壓力的時候，很容易退縮，甚至放棄創業專案。

(2)沒有任何付出而獲得的東西，人們對其的價值感就不強烈，不會很珍惜。

(3)股權劃分最為重要的就是出人、出錢。出人的評估是比較模糊的，很難做到公平；出錢的股權則是十分清楚的。創始人或者創始合夥人不出錢，在股權的分配上就占據劣勢，很容易名不正、言不順。

所以，我個人的建議是，作為創始人或者創始合夥人，還是要出資創業的。只是出資多少需要去考量。

如果你有足夠的資金，也對自己的專案非常有信心，想要在專案中獲得足夠的主導權，那麼可以全部出資啟動創業專案，自己做自己的種子投資。這對多數的創業者而言，並不是最好的選擇。

對於多數的創業者而言，最好的選擇是自己投一定的資金到創業專案當中。投多少資金呢？根據自身的經濟實力，在不對個人財務狀況造成很大影響的情況下，出少量的資金到專案當中，例如所擁有資金的5%～10%。還要注意一點是，最好在整個創始合夥人團隊中，你是出資最多的，否則在對專案主導權獲取的合法性上，就顯得不那麼名正言順。對於我們創業的專案而言，我們基本上把「創始合夥人必須出一定資金」當作一種條理來執行，只有都付出了，才能形成羈絆，才會願意在專案上貢獻出自己更多的力量。

創始人及創始合夥人團隊總的出資，不需要太多，只是一種基本的表示，表示願意為專案付出。正常的情況下，多數的專案啟動資金，最好是尋找外部的資源，獲取外部的投資，尤其是專業的投資。

之3 創始人是公司最大的銷售員

作為新創公司的創始人，主要的工作職責在於：

(1) 制定策略發展方向。

(2) 挖掘人才，組建團隊、建設團隊、完善團隊。

(3) 尋找資源，找錢、找物、找合作。

(4) 內部管理與企業文化建設。

除了制定企業策略發展方向以及內部管理之外，企業創始人其他要做的一系列工作都是

「銷售類」的工作，就是把公司的一些東西銷售出去。

1．挖掘人才

企業創始人透過各種方式，把企業的未來兜售給企業需要的目標人才，例如，兜售現在或者未來的高薪給目標人才，讓目標人才加入企業；也許作為新創企業資金不足，開出的薪資不高，那就兜售未來的高收益，兜售事業和夢想。

只要企業創始人對企業有明確而堅定的信心，真的下功夫去兜售，沒有找不到的人才。

2．資源整合

尋找外部各種可以合作的資源，進行整合，其實就是把企業自身的資源以及未來的發展兜售給合作方的過程。

在企業創始階段，很多具體業務合作，都需要作為一把手的創始人親自出面去談、去拍板；即使到企業發展穩定期，企業創始人可以不用去管具體的業務，但一些策略層面的、較大的業務合作，還是需要企業創始人、CEO去談。

不管是什麼階段，企業創始人都要作為企業最大的銷售員、業務員，去兜售並整合對公司發展最有利的資源。

3．融資找錢

作為公司的創始人，在整個公司發展過程中，最經常做、也是做得最大的銷售可以說是銷售公司的股權。透過股權交易，換取資金或資源。換取資源的是資源整合或業務合作，換取資金的就是融資找錢。

創始人需要自投一定的資金到專案當中，更要尋找外部資源獲取專業的外部投資的資金到專案當中。找錢這件事情，是創始人必備的技能之一，也是在創業專案的每個階段都要去做的事情。

在創業專案初期，有沒有足夠的錢，決定了專案的生死。企業的創始人，要努力地為公司找到足夠的錢，讓公司生存下去。找到足夠的錢，要嘛是做好自身的業務，自己造血，自己能賺到足夠的錢；要嘛是有足夠強的融資能力，能夠融到足夠的錢。

若你的專案不自帶初期快速發展業務、快速賺錢的屬性，或者你的專案不具備初期快速賺錢的能力，那麼唯一的、也是最好的選擇就是融資。銷售你的BP、銷售你的公司、兜售你的股權，來獲取專案資金。

之4　銷售你的BP，獲取專案啟動資金

銷售你的BP、兜售公司的股權，獲取專案發展所需要的資金，是目前風險企業創業的常規途徑。對於這個認識是沒有什麼問題的，問題在於作為創始人該怎麼銷售你的BP以獲取融資呢？

1．你要有BP

BP是融資基礎中的基礎。這裡說的BP，是不是一份成稿的文件，這不重要，重要的是你要對你的公司有一個全面的梳理和理解。很多投資人，現在根本不怎麼看BP，而是會直接跟你聊天。在聊的過程中，你說出來的有關公司的一切，那就是你的BP。你的BP好不好，在於你對你公司的梳理和理解是不是清楚。

有關BP的梳理和撰寫，我們在專案準備的章節中有詳細的論述，這裡不多贅述。需要強調的是，專案啟動階段也就是初步的概念階段，想要獲取的是啟動資金，這個時候BP的重點在於企業的夢想、目標和概念、企業商業模式的設想邏輯以及初步驗證的結果。至於具體運行的數據、財務的預測，這個時候都不重要。你需要用夢想去打動投資人，用邏輯去說服投資人。

2．你要尋找到適合你的投資人

原則上，找錢越早越好，只要你已經把你的BP準備好，你能把你要做的事情說清楚。盡量早地去接觸投資人，告訴全世界你在做這件事情，讓更多的人知道你在做這件事情，從而可以盡可能早地吸引到跟你的目標方向、理念同頻道的資源。

為了融資，你所要做的事情，首先是要找到你的投資人，其次是對你找到的投資人進行篩選。

全民創業時代，也大致可以說是全民投資時代，投資機構和投資人多如牛毛，只要你願意去找，總能找出一堆出來。

可以透過以下的方法去尋找投資人。

(1) 投資機構或投資人的官網：多數正規的投資或投資人，都有他們的官網，會介紹他們的投資方向、投資理念以及投資案例等；一般在網上也有留有他們的聯繫方式，比如信箱或者電話，可以透過信箱投遞BP，透過電話聯繫他們約談。

(2) 創投的活動和會議：多參加一些創投的活動或者會議，一般這些活動或會議，會請一些投資機構和投資人到場，尋找機會跟這些投資機構和投資人交換名片、溝通交流，建立後續的聯繫，以投遞BP、約見投資人。

(3) 創投對接的 APP 或社群：市面上有很多的創投對接的 APP 或者社群，有大量的投資人在其中。使用這些APP、加入這些社群，在其中跟投資人建立聯繫。

(4) 透過介紹人引薦結識投資人：這是找到投資人並約見投資人最好的方式，有介紹人引薦，就有了信任背書，建立聯繫並約見成功的可能性就很高。作為創業者，能否找到介紹人引薦給自己想要約見的投資人，可以看出來這位創業者的人脈是否夠強。一個創業者都沒有足夠的人脈，找到自己想要找的人，那麼要創業成功是很難的事情。不過，只要用心去找，總能找到介紹人的；對於介紹人引薦這種尋找投資人的方式，一種更好的選擇就是找那些已經融到資的創業者引薦，更有的放矢，且能夠透過引薦的創業者直觀了解投資人的一些訊息。

(5) 透過財務顧問（Financial Advisor，FA）介紹約見投資人：創業的人多，找投資的人多，自然滋生出FA這個行業，稱為財務顧問。他們幫忙撮合創業者和投資人，一旦創業者拿到投資，就會從創業者拿到的投資裡抽取一定比例的分紅。專業FA會對你的專案做一輪篩選和創造，最後成功拿到融資的可能也比較大，所以也不妨採用這種方式。

除了以上這些方式，在網路上還可以找到很多人分享的各類投資人的資料、聯繫方式等，一般這種資訊的有效性都比較差，但在其他途徑沒有更好效果的情況下，不妨採用這種方法。

因為現在的投資機構和投資人非常多，每家投資機構和投資人投資的領域、投資理念也各不相同，不是所有的投資機構和投資人都適合你的專案，你沒有必要也不可能見所有的投資人，你需要對投資機構和投資人進行篩選。

對投資機構和投資人進行篩選時，一般要注意：

(1) 投資機構和投資人是否投資過你所從事的領域內的專案；

(2) 投資機構和投資人的投資理念是否跟你的專案理念是一致的；

(3) 投資機構和投資人對於他們投資的專案是否提供很大的幫助；

(4) 投資機構和投資人的規模大小、正規程度。

對上面這一系列的資訊做整理分析，大概就可以得出結論，這家投資機構或投資人適不適合你的專案，你也能夠很清楚有沒有必要去見這家投資機構或投資人。

3．見投資人之前要做好準備

約見投資人，就好比是相親，是要提前做好各種準備的。

要研究投資人主要投資什麼領域，關鍵是是否投資了你所從事的領域內的專案。如果投了你所從事的領域內的專案，你就要稍微小心一些。好處是你知道他對你這個領域感興趣，壞處是他已經投資了你這個領域內的其他專案，對於你的專案可能就不會投資了，或者他投資的專案很可能就是你的競爭對手。最好的是這個投資人投資了跟你的領域相關的其他領域內的專案，這樣就可以跟你所從事的領域配合起來，打造一個生態，這個也是投資人投資後管理可能會關注的地方。

要研究投資人的投資理念，看他的投資理念是不是跟你一致，是不是適合你的專案。例如，有些投資人投資之後，只管控與財務相關的事情，對於公司的決策完全交由創始團隊來負責；而有些投資人，可能就什麼都要管了。選擇適合你的專案的、你能接受的投資人。

要研究投資人的投資特色，在投資專案的時候，他關注於專案的什麼部分，是策略規劃，還是經營狀況，或者是財務數據。了解投資人的投資關注點，針對他的關注點，提前做好相關的準備，在約談時可以知己知彼且有的放矢。

創業者還要準備好與投資人的約談資料，製作精美、內容詳盡、條理清楚的事業營運計劃，自己對於整個創業專案的方方面面進行詳細思考，對於投資人可能關心的問題準備好大致的答案。再提前做好講解事業營運計劃和回答問題的演練，一切做到準備充分、有備無患。

4．跟投資人約談時需要注意的事項

約到了投資人，做好了準備，就要正式約談了。約談的形式，不同的投資人各有不同。有的投資人的約談比較正式，在正式的場合，講解事業營運計劃，詳細回答投資人提的一系列的問題。有的投資人約談比較隨意，比如約咖啡館，大家沒有什麼固定的議程，隨口閒聊。不管是什麼形式，只要把你想要表達的內容表達清楚，把投資人的問題回答清楚，這就可以了。

在約談當中，按照事先的準備，制定的約談策略，向投資人詳細地介紹你的專案。有些投資人比較強勢的，希望約談按照他的思路來進行；有些投資人比較隨和，聊到哪裡是哪裡。創業者要根據自己習慣的方式，與投資人配合起來，完成整個約談。相對而言，投資人會喜歡強勢一些、有主見的創業者，因為多數成功的企業家都是強勢、有主見、堅持自己思路的人。

與投資人約談的過程中，有些事項需要注意。

(1) 堅定地表達自己的觀點，不因為投資人肯定或者否定而輕易動搖，創業者一定要有主見，要有所堅持。

(2) 實事求是地描述自己的專案，展示自己最真實的一面，可以稍作一點兒誇張，但不可過度吹噓。

(3) 表達出對於自己專案堅定的信心和決心，用事實和邏輯支撐與表達自己的信心和決心，而不是口號。

(4) 溝通交流時，要展示出自己對於專案的熱情，同時也要展示出自己思考的結構性和邏輯性。感情上有熱情、邏輯上又可靠的專案，會是成功率比較高的專案。

5．先約見不那麼重要的投資人，再約見重要的投資人

如果有較多數量的投資人可以約談，這些投資人約見也是要講策略的。前面說到，我們面見投資人之前，需要做好準備，其中一項準備就是做好與投資人面談的演練，如演練講解事業營運計劃。最好的演練就是實戰，所以有較多數量的投資人時，可以嘗試邊實戰邊演練的方式。

在眾多可約見的投資人中，首先約見那些經你研究，不是那麼重要的投資人，也許是投資方向不那麼適合你，或者規模偏小，或者不那麼正規，等等。先跟這些投資人約談，聊了一定數量的投資人之後，你大致就知道投資人看專案的思路了，多數的投資人看專案的思路是類似的；同時，經歷了多場實戰後，也累積了大量的實戰約談經驗，就會很清楚該怎麼跟投資人聊，怎麼講解自己的專案，等等。

有了實戰經驗的累積，且累積到一定程度之後，再考慮約見那些比較重要的投資機構或投資人。那麼，再與這些投資人約談，就能有很好的表現，約談成功率自然會提高。

6．如果約不到投資人或者約談的投資人不投資你

尋找投資的時候，費了一段時間，發現還是約不到投資的話，只能說明你還不夠努力、付出的還不夠，你找的投資人還不夠多。不然你連續發幾百份事業營運計劃出去，不可能連一兩個約見都得不到的。

又或者約談了不少的投資人，依然沒有什麼投資人投你，那還說明你不夠努力嗎？某種方面來說的確如此。有數據顯示，平均一次成功的融資，基本上要見過37個投資人。如果你的專案不是明星專案，你想想自己見的有沒有超過37名？如果有的話，再繼續見50個，一定可以找到願意投資你專案的投資人。如果還沒有，那就是另外一個問題了，就是你的專案或你的團隊實在太爛，所有投資人都覺得不值得投資。

只要你的專案不是很爛，你對你的專案有足夠的信心，一時沒有找到投資也不要氣餒，繼續前行，繼續努力，累積到足夠的數量，量變必然引發質變，你終歸會找到願意投資你、適合投資你的資本。

第4章 階段各不同，與時俱進

1 創業階段及每個階段應該做哪些事情
2 團隊建設
3 產品開發
4 市場推廣
5 策略規劃
6 資金與融資
7 資源整合
8 執行為王
9 創業與創新

1 創業階段及每個階段應該做哪些事情

創業專案啟動之後，就進入企業的正式經營了。作為創業者，需要大致了解新創企業要經歷的各個階段，了解每個階段都需要做什麼事情，預期需要做到什麼程度。相當於對創業成功這個長期目標做里程碑劃分，制定發展路線。

我們這裡所討論的企業，一般指風險企業，風險企業大致會分為四個階段，每個階段都涉及相應的風險資本的進入。風險企業的四個發展階段分別為：種子階段、啟動階段、成長階段、成熟階段。相對應的風險資本進入階段，可以劃分為：種子輪融資、天使輪資本、A輪融資、B輪融資、C輪融資、首次公開發型（IPO）上市。

其中，種子階段對應種子輪融資，啟動階段對應天使輪融資，成長階段對應A輪、B輪、C輪融資，成熟階段對應首次公開發行上市融資。我們分別看一下每個階段都有哪些特色，企業都要做到哪些事情。

之1　風險企業的種子階段

風險企業在種子階段，很多時候都不能被稱為企業，可能就是一兩個創業者有了一個粗略的創業想法或概念，有一個大概的創業思路，沒什麼產品更沒有什麼模式，僅此而已。

這就好比是一顆種子，未來也許能成長為參天大樹，但現在只是一顆種子，需要土壤、需要水分、需要營養，先生根發芽，再茁壯成長。這中間必然經歷各種天災人禍的洗禮和磨鍊，有幸生存下來的話，最後才可能成為參天大樹、棟梁之材。

在種子階段，創業者或者創業團隊需要做一系列的事情，讓種子生根發芽。

1．團隊

創業者有了創業想法，要尋找合夥人，組建創始合夥人團隊。根據創業專案的設想，尋找適合的合夥人。具體如何尋找合夥人，請參見第二章之3《像找戀人一樣找合夥人》。

2．產品

種子階段，沒有成形的產品，產品處於設想和原型階段。在這個階段的重要工作之一就是研發產品，推出一版具備核心功能的基礎產品。

3．商業模式

創業專案只有大致的專案思路，沒有形成一套完整的商業模式。在專案思路基礎之上，從邏輯上建構一套商業模式，不斷創造商業模式，並透過調研、初步的測試等方式，驗證商業模式的可行性。

4．資金

在種子期，企業什麼都還沒有，自然也沒有任何收入，當然開銷也不大，但依然需要一筆資金用於產品的開發和專案的經營，這筆資金就成為種子資金。

種子資金的規模一般不大。種子資金的來源一般是創業者自投，或者來自親朋好友的支持。現在也可以透過募資的方式獲取種子資金，也存在種子期的投資人，往往是一些天使機構。

5．經營目標

這個階段的經營目標，包括完成創始合夥人團隊的組建、完成產品的原型和基礎產品的研發、形成邏輯上可行的商業模式、制定初步的策略發展規劃、編寫一份較為粗糙的事業營運計劃、獲取種子資金支撐所有的經營等。

完成所有這些目標，基本上可以準備進入到專案的下一個階段——正式啟動專案。

之2　風險企業的啟動階段

風險企業的啟動階段，對應創業投資的天使輪階段。

在這個階段，創業專案經過了種子期的準備，已經有了基本產品，可以嘗試著推向市場；商業模式的可行性已經得到了初步驗證，並投入市場進行測試，摸索出最小可行業務鏈條。最為重要的是，這個階段一定是注冊了公司的實體，並且公司具備了基本的組織架構和部門功能。

在創業專案的啟動階段，專案要作為一家真正的公司投入到市場當中，接受市場的檢驗，開始面對市場的自然選擇，優勝劣汰。

在風險企業的天使輪階段，企業需要做的事情包括以下內容。

1．團隊

企業的創始團隊已經完善了，並且建構起專案的核心經營團隊。注冊實體的公司，設定專案經營所需要的核心部門，建立公司的基本組織架構。各部門各司其職，根據需要招聘一定數量的早期員工，執行本部門所承擔的工作。

2．產品

完成產品的高擬真原型，投入到使用者測試當中。進一步開發完成最初版本的基本產品，可以投入到市場當中，做正式的經營，並在整個商業模式鏈條中進行市場驗證。對產品後續的換代，做出整體的規劃，成體系地做產品的開發與換代。

3．商業模式

最核心的是透過產品原型或者基礎產品，對於商業模式進行測試，尋找一條最小可行的業務模式。反過來，進一步創造商業模式，讓商業模式更加清晰和明確。

尋找到最小可行的業務模式之後，企業要著手進行複製業務，實施市場開拓計劃。

4．資金

在專案啟動階段，需要組建核心團隊、推進產品開發與換代、挖掘種子用戶試用、嘗試市場開拓等，這都需要大量資金的投入，但此時企業仍沒有什麼收入，或者只有很少的收入，需要進行較大金額融資，以滿足企業的啟動和發展需要。這一輪融資就是天使輪融資。

天使輪融資的融資額度較大，資金的來源往往是天使投資機構或天使投資人，也有創業者自投的天使資金，一般僅限於創業者自身經濟實力較強，且期望對創業專案有較大的掌控權。

5．經營目標

在天使階段，要完成建立基本成形的企業組織架構，產品基本成形並持續進行換代開發，商業模式基本清晰明確，並且尋找到一條最小可行的業務鏈條，有了一定量的種子用戶，並開始實施市場的開拓。

天使階段，對風險新創企業來講是個奠基階段。新創企業需要耐心奠基，打牢基礎，才能在後續的成長階段獲得快速而穩健的發展。

之3　風險企業的成長階段

風險企業在過了啟動階段之後，就進入了成長階段。在風險企業變成成熟企業上市之前，所有的階段都可以稱為成長階段。

風險企業的成長階段，對應創業投資的階段，可以對應為A輪融資、B輪融資、C輪融資等階段。一般來說，企業發展得還不錯的話，在C輪融資之後，企業基本具備了上市的資格，但並不是所有的企業在C輪之後都能上市或者選擇上市。所以，C輪融資並不一定是這個階段的結束，市面上也有很多的企業會持續地融D輪、E輪……例如著名的Uber已經做了不知道是F輪、G輪還是H輪、I輪的12輪融資。

多數的成長階段的風險企業，會至少經歷A輪、B輪、C輪這三個融資階段。所以我們重點討論這三個階段的發展。

1．A輪融資階段

A輪融資階段，對風險企業而言是個承上啟下的關鍵階段。在這個階段，企業完善了產品，開始複製業務鏈條，大規模地進行市場開拓，推廣產品和服務，並獲得收益。

在團隊建設方面，早期不重要的一些部門，比如人力資源部門、財務管理部門，隨著公司發展、人員的增加，開始變得重要起來，要全部建構起來。在A輪階段，要構架出完善的公司的組織架構，進一步細化和明確部門的職能與職責。從組織架構上，公司已經變成一個很正式的公司了。

在產品開發方面，產品已經相對比較完善、成熟。產品的生產、推廣、銷售、售後等整個鏈條也已完善，適應大規模的產品銷售和推廣。產品繼續開發換代，並逐步形成產品線或產品體系。

在商業模式方面，企業正式運作一段時間，複製經過驗證的業務鏈條，進行大規模的市場開拓，推廣產品和服務，商業模式及盈利模式已經相當完整、詳細、明確，並進一步在細節方面深度拓展和換代。

在資金方面，企業透過市場的推廣和銷售，獲取較大的收益，但支出仍可能大於收入，企業還處於虧損狀態。企業的經營仍需要大量的資金投入，需要做A輪的融資。在A輪階段，風險企業的規模一般已經較大，需要的資金額也較大，一般是千萬元到上億元級別的資金，投資方往往是專業的創業投資機構（Venture Capital，VC）。

A輪階段，企業完善啟動階段研發出來的產品，複製啟動階段測試出來的業務鏈條，進行大規模的業務推廣。做得好，可以很快地覆蓋市場，擁有一定的市占率，在市場上站穩腳跟；做不好，就會錯失快速發展的機會，被人趕超或者失去市場。

2. B輪融資階段

B輪融資階段是A輪融資階段的延續，在團隊、產品、商業模式、資金、經營等方面，都是在A輪的基礎上做進一步的推進和發展，快速成長，以謀求企業做大做強的終極目標。

經過A輪的業務推廣，企業有了較大的發展。在B輪階段，企業的商業模式及盈利模式進一步完善，有些企業已經開始盈利，需要持續發力，獲取更大的盈利；有些企業仍處於虧損狀態，需要尋找新的盈利機會。在B輪階段，多數的企業開始拓展產品線，拓展新的業務領域。

B輪階段的融資，所需的資金額更大，一般都是上億級別的。投資人也多是專業風險機構、私人股權投資機構（Private Equity，PE）等。

3．C輪融資階段

企業到了C輪融資階段，已經逐步步入了成熟階段。只要企業經營得還不錯，這個時候就都已經盈利，甚至盈利得還不錯。企業在市場上有較好的口碑、較高的市占率，在行業內也占據領先的地位。接下來，企業開始準備進入成熟階段，謀求上市。

在C輪階段的企業融資，一般用於拓展新業務、建立商業生態等一系列的工作，進一步鞏固企業在市場當中的地位。C輪融資的金額很大，一般為幾億元甚至十幾億元，一般是私人股權投資機構進行投資。

之4　風險企業的成熟階段

一般情況下，風險企業在成長階段的C輪融資後，就具備上市的條件了。也有特殊的情況，比如一些企業在C輪之後依然在燒錢虧損，不具備上市的條件；或者一些企業具備上市條件，但本身不想上市，繼續尋找資金拓展業務等。

不管怎樣，多數企業至此就跨入了成熟期，企業成為一家正規的、盈利的大型企業，實現了創業之初的做大、做強的目的。在成熟期，企業已經逐步從開拓階段進入了守成階段，從創業模式變成了生意模式。創業的旅程，至此結束！

到企業成熟階段，創業者也蛻變成企業家。

2 團隊建設

書到用時方恨少，人才也是如此，尤其是可靠的人才。不管是創業，還是做其他什麼事情，歸根到底，最終都是人才的事情。找到合適的人才、留住合適的人才，是任何一家企業經營管理的重中之重。

之1 二十一世紀人才最貴

《天下無賊》裡，黎叔為了謀求把業務做大做強，聚集人才組團行竊，團隊成員各有所長，各司其職，互相配合。黎叔說：「二十一世紀什麼最貴？人才。」這是黎叔對於人才價值的認識，我們這些創業者，難道還沒有黎叔這樣的覺悟嗎？

有沒有這樣的覺悟，其實沒有關係。人才難找、人才太貴的事實就擺在每一個創業者的面前，甚至是每個創業者心裡的痛。

1．所有的事情，歸根到底都是人的事情

在諮詢圈裡做諮詢顧問的時候，我最常接收到的資訊是：諮詢行業人員流動率很高，經常會有諮詢顧問從一家公司跳到另外一家公司，甚至也常有一家公司的某解決方案諮詢團隊整個跳到另外一家諮詢公司的案例。

最初，我不明白為何諮詢行業人員流動率會那麼高。

我剛踏入諮詢行業時接受的教育是，諮詢行業核心的東西是知識管理和方法論，自然還有案例。如果是這樣，只要做好知識管理，讓諮詢顧問快速掌握公司的方法論，那麼這家諮詢企業豈不是非常有競爭力？

後來，一位諮詢行業的「大咖」告訴我，雖然諮詢公司號稱自己的核心在於他們的方法論和案例，但是掌握這些方法論的是具體的諮詢顧問，方法論轉化成可以實施的解決方案所需的技能掌握在具體的諮詢顧問手裡。所以，歸根到底，諮詢公司最為核心的競爭力在於人，你擁有某個方面解決方案核心技能的諮詢顧問，你就能做這個方面的專案。所以，一家諮詢公司想要做某個方面的專案，它的選擇往往不是自己從頭研究這個方面的解決方案，而是直接從別的地方去挖掌握這方面核心技能的人員過來。

在諮詢公司，最為核心的資產就是諮詢顧問，就是人。

再後來，我跳到其他的公司工作，再跳出來自己創業，一路走來，看到的都是各種人才的競爭。所有的事情，不管是技術的，還是市場的，或者是銷售的，最為重要的就是那個掌握核心技能的人。

在21世紀，知識經濟占主導。所謂知識經濟，不是指那些可以儲存在硬碟裡或者散落在搜索引擎當中的靜態的知識能夠帶來經濟效應，而是能夠生產知識、擁有知識並應用知識解決問題的人才能帶來經濟效應。所以，我們看到各種公司之間的挖人大戰頻頻爆發。

在知識經濟環境中，最核心、最重要的不是那些靜態的知識，而是那些掌握知識的人。所有的事情，最終都會歸為人的事情。

2．找人才、找可靠人才的痛

在我參與的兩個專案的開展中，我們一面對臨著各種人員短缺的問題。我們採用各種方式去招人，去招可靠的人，但平均每招聘到一個還不錯的人都要消耗至少兩個月的時間成本，還要搭入大量的其他人、財、物的成本。

對於新創企業，人才難找的原因有幾個。

(1) 新創公司風險比較大，多數人都不希望承受太大的風險。

(2) 新創公司給出的現金薪資競爭力相對不強，人們都希望獲得短期的、明確的回報。

(3) 社會上人雖然很多，人才並不多，適合企業需求的人才就更少了。

(4) 適合企業的人才本來就少，既適合企業、又可靠的人才則少之又少。

雖然人才難找，但無奈所有的事情都是人的事情，該要找的人還是要找的。每每在創業專案想要加速的時候，招聘的事情都成為一個掣肘的因素。

不管怎樣，只要願意付出時間成本和其他各種成本，想要的人總還是能找到的。接著面臨的問題就是找到的人是不是可靠。

在一位朋友的創業專案中，他們找了一個銷售總監，為此付出了不少的成本。最大的成本不在於找這個人的成本，而在於這個人就職後，做了一系列不可靠的事情，除了給公司帶來巨大的財物損失之外，還極大地延誤了專案的整體進度，這才是公司付出的最大的成本。

對新創企業而言，找人才、找可靠人才一直都是公司發展過程中的痛。有些創業成功的創業者，在分享他們創業的經驗教訓時，常常會建議其他創業者，在創業時最好能找一個人力資源的合夥人。人力資源合夥人，乍一看在專案前期沒有什麼作用，在實際創業過程中會發現他的作用非常大。

3．21世紀，究竟什麼樣的人才最貴

既然都說21世紀人才最貴，那麼接下來的問題就是在人才當中，什麼樣的人才最貴？

從價格角度來看，可靠的人才最貴。所謂可靠的人才，是擁有真本事、真正能為企業解決問題，乃至非常低成本、高效率地為企業解決問題的人。

這類人往往會要很高的價格，包括很高的薪資、各種獎金補貼、期權或股權等。從企業付出的貨幣價格來說，這樣的人才是最貴的。但是，這類人才貴得物有所值。雖然他們本身價格很高、很貴，但是他們能夠低成本、高效率地解決問題，為企業帶來豐厚的收益。整體來看，他們其實不是那麼貴的，甚至是便宜的。

從成本角度看，不可靠的人才最貴。不可靠的人，暫且不管有沒有本事，但是做事情可能不負責任、不計後果，不能為企業有效地解決問題，不能為企業帶來效益。

也許這類人沒有要太高的價格，但是他們需要培訓、需要監管、需要驅動才能在工作中造成一些作用，稍有不慎就會造成反作用。他們持續耗費公司成本，而不產生效益。如果說可靠的人是投資的話，投入十萬元能產生一百萬元的收益；那麼不可靠的人就是負債，哪怕只是一萬元的負債，可能一年產生九萬元的成本。相比較而言，公司同樣支出了十萬元的現金，前者帶來了一百萬元的收益，後者什麼都沒有帶來。從這個角度講，這些不可靠的人是公司裡最貴的人。

公司要良好地經營下去，就要不斷地淘汰那些不可靠的「貴人」，而不斷地吸納那些可靠的「貴人」。然而，大多數人才不在兩個極端，而是在兩者之間，這就需要在可靠和不可靠、貴與不貴之間做平衡，這是需要創業者不斷思考和抉擇的問題。

找到人才、找到可靠的人才，還只是人力成本的一部分。後續還要培養人才、維護人才，讓人才更加可靠，且長久地在公司當中效力，才能讓公司的人力成本更低。

之2　不是在招人，就是在去招人的路上

我們在做生鮮電商專案的時候，犯一個錯誤，雖然不嚴重，但也在很大程度上影響了我們的發展速度，我知道的很多的創業團隊，也都曾犯過類似的錯誤。

團隊增長到六七個人時，我們認為團隊人員配置基本穩定，便將工作重心完全放在產品和經營上。繼續招聘的事暫且擱置，天真地認為等到需要時再招也不遲，人到處都是，招人不是什麼難事。

天不遂人願。公司運作兩三個月後，有人主動離職，有人績效太差而被裁。我們本以為可以很快招到替補隊員，真正招聘時卻發現，招人真的不是一時半會就能搞定的事情。在接下來的三個月裡，我們都沒有招到合適的替補人員。人員編制不全，一些業務無法開展，嚴重影響了專案進度。後來在一位人脈很廣的創業前輩的幫助下，我們才逐步招到合適的人，讓專案的

經營恢復正常。

這位創業前輩，是一個功成名就的創業者，做的是投資和孵化器（Incubator）方面的創業，一直在投資、創投行業裡工作和創業，有很廣泛的人脈關係。他在創業方面有很深刻的見解，創業中遇到問題時，我經常向他請教，總能獲得很好的啟發。

我們找這位創業前輩幫我們解決人員招聘問題。他在了解我們的困境之後，給了我們一些用人的建議。

首先，新創公司要有一個明確的用人規劃。在一家企業裡，最為重要的就是團隊和人力。沒有團隊和人力，其他什麼事都是空中樓閣！團隊和人力，尤其是可靠的團隊和人力，不是一時半會兒就可以找到的，某種程度上，只能靠「緣分」去尋找。所以，新創企業要對用人有明確的規劃，提前想清楚下一個階段需要用什麼樣的人，盡可能早地開始著手找需要的人。

其次，找人的事情，是每時每刻都要做的事情。公司團隊，不知何時就會有人離職；公司專案，也說不定什麼時候就會陷入困境，而後就會眾叛親離。公司要時刻準備著，隨時隨地隨便誰，只要一有機會，就要去物色人才。至少每個月都要進行人員面試，會不會聘用那是另外一碼事，起碼等想要聘用人才的時候，手頭是有合適的人可以選擇的。據說，CEO至少花70％的時間找人。這話是很有道理的。

最後，要清楚公司需要什麼樣的人才。不僅僅要考慮人員技能是否是公司需要的，也考慮人員的做事風格、性格等是否適合公司和團隊。一個公司團隊若想要各種性格的人，結果往往是留不住任何性格的人。根據吸引力法則，公司團隊先要形成自己鮮明的性格、清楚自己的性格，然後尋找、吸引並留住與之相匹配的人才。跟做任何事情一樣，招聘人才，也要有所專注。

我們接受這位創業前輩的建議，改變了在人力上的態度和做法。在創業前輩的強大人脈的幫助下，我們有驚無險地招到了合適的人任職，專案繼續向前推動。

經過這麼一件事，我們懂得，人員招聘不是階段性的，而是要持續進行的，甚至在創業初期都不該固定為某個合夥人的工作職責，而是隨時隨地隨便誰都要去找人、去招聘。我們要嘛正在招人，要嘛就是在去招人的路上。

之3　要會找人，也要會裁人

作為新創企業的創始人和CEO，有三件非常重要的事情是必須做的，那就是——找人、找錢、找資源。

持續不斷地找人、找錢、找資源要貫穿於公司運作的始終，任何時候都不能停歇。這其中重點是找人，找人需要一定的週期，是個持久的過程，不能一蹴而就。

1．如何找到團隊初創時期的員工

一家新創公司團隊初創時期的員工是非常容易獲得的。如果長期找不到最初的企業員工的話，只能說明企業的創始人根本就不應該創業。

我參與的第一家公司，是我作為聯合創始人，與幾名校友一起創建的。我們幾個是創始人、合夥人，也是公司的最初員工。在有了初步的產品之後，要加速發展，就需要尋找除合夥人之外的正式員工。我們並沒有耗費太多的精力，很容易就找到了四五名員工加入，團隊規模很輕易地就擴大到七八個人。

我們是怎麼做的呢？方法很簡單。每個創始人、合夥人，都會有自己的人脈，都能找到一些有創業想法或衝動的朋友，憑藉自己的關係和影響，可以說服其中一些加入創業團隊。比如，我就把當年做諮詢專案時候認識的幾個朋友拉進我們的新創公司當中。

當然，吸引最初的員工加入團隊，需要付出一些東西，最為直接的是薪資和期權激勵，尤其是後者，因為作為一家新創公司，很難給出非常有競爭力的薪資，更多的是透過創業夢想的感召，以及未來期權收益的鼓舞，來吸引並留住最初的員工。

2．累積各種尋找人才的通路和方法

團隊初創時期，所需要的員工數量是很少的，找到幾個最初的員工加入團隊難度也不大。但是，隨著企業的成長，所需要的人才越來越多，就不是簡單地憑藉個人人脈就能辦成的了。

在團隊和人力資源的事情上，有位創業前輩建議我們要像做銷售管道一樣，做「人力資源招聘管道」。要各種管道齊頭並進，而不能只依賴某一種通路，比如說個人人脈圈子等。

我們接受了這位創業前輩的建議，嘗試了透過各種可能途徑來建立人力資源招聘通路。

1）社群推薦

我們曾經找一位創業前輩幫忙發文找人，這就是這條管道的一種模式。社群推薦算是一個統稱，可以是親朋好友、同學等推薦，也可以是自己在社群網站上發布資訊，甚至是瞄準一個人，透過朋友介紹去溝通、挖牆腳……這些都算是社群推薦。

我一直認為，社群推薦這種人員招聘的方式是最為可靠的。原因很簡單，有直接認識或者間接認識的朋友做推薦，有一定的信任背書。如若人不可靠，那麼在朋友間往往也混不下去。朋友圈子的小範圍及資訊的相對透明性，讓圈子裡的人都好好維護自己的信譽。

我們目前多數的人，都是透過朋友推薦來招聘的。不過，朋友推薦最大的問題在於不確定性，也就是說，你需要等到合適的緣分出現時，才能找到適合的人。但企業的發展是沒有辦法等待的，對於組建初始團隊，朋友推薦有很大的幫助；對於一些核心的高級別的崗位人員，朋友推薦也非常適合；但對於常規職位人員的招聘，我們需要尋找其他的途徑，來確保我們能比較可靠、穩定地找到我們所需要的人。

2）創投圈挖掘

我們也嘗試在創投圈挖掘合適的人才。所謂的創投圈，就是指目前創業大潮中出現的各種創投的圈子，如各種投融資平台。

在組建團隊的時候，我們有一段時間一直泡在一家以創業為主題的咖啡館，在他們的公布欄上，張貼我們招聘人員的要求和任職資格等。也約談過一些人，但並沒有幾個人最終加入我們。

在我們招聘常規員工的時候，跟很多應聘人員談，我們發現了一個問題。多數的應聘人員，只是為了找一份工作，常問我們一些大公司才能給出的薪資，比如較高的薪資、各種福利、各種穩定等；而對於新創公司，他們多數會有所擔心，擔心不穩定等。他們對新創公司的期權等則無感，或者感覺沒有那麼大的吸引力。招聘到合適的、願意長期為公司服務的常規工作人員，對於新創企業，尤其是初創企業而言，面臨的困難要大得多。

相對的，透過在創投圈裡挖掘，就能很大程度上解決人員對於新創公司的態度問題。在創投圈裡，人們都是在創業或參與創業的，知道創業是怎麼回事，也很清楚想要從新創公司裡獲得怎樣的回報。與圈子裡的人談薪資待遇福利，大家就可以站在同一個溝通交流平面上。

3）獵頭公司挖人

常規員工招聘，最為常用的通路還是獵頭招聘和網路招聘網站。從目前來看，這兩個管道的備選人員也是最多的，只是招聘到的人是不是可靠、是不是適合公司，就需要公司慧眼甄別了。找到合適的人，對於公司有莫大的裨益；不然的話，也會給公司帶來極大的損失。

包括我們在內的我所接觸到的多數的新創公司，都跟一些獵頭公司達成了人員招聘的合作。效果如何，別家公司如何，我不敢說，我們自己用的效果一般。雖然獵頭招聘是按照效果付費，當然不同效果也有不同的報價，比如不管招聘之後是否可靠，收多少傭金；招聘後三個月可靠，收多少傭金，否則給予免費重新招聘；招聘後六個月可靠，收更高的傭金，否則免費找到可靠的；等等。對公司而言，付出的傭金只是成本的一部分，更大的成本在於因為招聘到不可靠的人，而浪費的發展時間和速度，以及對整個團隊建設的破壞，等等。

我參與了好幾個創業的圈子，有好多新創企業的通訊群。在一個我主要參與的創業群裡，我跟很多初創企業的老闆說過我的這個看法，大家多數認同。有一個老闆做獵頭方面的創業，說能夠提供怎樣好的獵頭服務，結果大家蜂擁而上，跟他聯繫，洽談合作事宜。你看，即使如今各種招聘網站層出不窮，招人的方式和管道也豐富多樣，招人的服務，尤其是找到可靠人才的服務，依然是無彈性需求（inelastic demand）。

這年頭，招人不難，招到可靠的人卻很難。

4）各種招聘網站

說實話，我們日常工作中，用得最多的還是各種招聘網站。多數的招聘網站，提供的是投遞履歷、收集履歷的一種平台，不管是傳統的平台型的招聘網站，還是最近的社交型招聘網站，基本模式是類似的，無非是增加了一些不同的元素。其收費模式也是類似的，多以發布職位的多少以及查看簡歷的多少來收費。

如果說獵頭招聘類似網路廣告的 CPS（costpersale，按照效果來收費），那麼招聘網站更多的是 CPM（costpermille，按照展示次數來收費）或 CPC（costperclick，按照點擊次數收費），其效果相對會比獵頭招聘差一些，還要自己公司花比較多的時間進行履歷篩選、人員面試等，當然從財務上看短期的成本投入也會低，適合於長期的、一般性人員招聘。

我們因為是網路型的新創公司，用得比較多的是新興網站，傳統的人才網站，上面應聘的更多是偏傳統企業的人員，感覺不太適合網路公司。這只是我的一家之言，是否真實如此，需要去驗證。

3．裁人是把「雙面刃」，不要輕舉妄動

林子大了，什麼鳥都有。作為護林員，你不能允許什麼鳥都在，否則壞鳥趕走好鳥，就會一林子都是壞鳥，林子也就沒辦法要了。在你的林子裡，你要拿起裁人這把利刃，好好地管理你的鳥。

裁人是一件很簡單的事情。人招到了，就在你的公司裡，你生殺予奪、大權在握，隨時可以因各種原因、找各種藉口把一個人裁掉。所要做的事情，無非一場談話、一紙離職證明、一點點賠償而已。只是裁人是把「雙面刃」，用不好，兩敗俱傷。

把人裁掉、讓人離職，其實很容易，要考慮的是裁人之後會產生的一系列影響。

1）對團隊士氣和情緒的影響

多數的時候，人們會認為裁人總是不好的事情，往往也暗示一些訊息。例如，公司沒錢了、快要倒閉了，裁人以節省成本；或者公司沒什麼章法，全憑老闆喜惡決定一個員工的生死；等等。這樣的話，團隊人員很容易沒有安全感，很容易士氣低落。

另外，裁掉一個人，意味著打破原來團隊的人際合作關係，原本關係很好的幾個人，被你裁掉了一個，其他幾個人的情緒自然會受到打擊，會產生怎樣的心思，就是不可控的了。所以，在考慮裁人的時候，一定要全面考慮對團隊人際關係的影響，對團隊士氣和情緒的影響。

2）對業務開展和持續的影響

裁人容易，招人難。在一個穩定的團隊中，裁掉一個人，意味著要至少增加一個人。裁人、加人，如果能銜接得很好，那影響倒還好。如果出現了空檔期，對業務的開展和持續就會產生很大的影響。我們前面遇到的問題，就是出現了有人走但沒有人補上帶來的業務停滯。

即使做好了人員招聘的規劃，經過反覆考量，也做好了人員接替準備，讓前後可以無縫交接，但是新人接收老人做的業務，總不會那麼快就得心應手，需要一定的適應期，這期間，業務的開展和持續就會產生波動。這一點，也是不得不考慮的。

3）考慮可能會有的法律糾紛

勞基法對員工的保護，要高於對公司的保護。不說到底誰強勢、誰弱勢，只說在考慮裁人時候，一定要先問一下法務人員或者法律顧問，會不會產生相關的法律糾紛。即使問清楚，也說不定會產生怎樣的法律問題。當然，考慮清楚其中的風險，認為可以承受其風險，那就可以堅定地裁人。

不管是什麼情況，現在裁人都是要一定的賠償的，多少不說，終歸是成本，也需要稍稍考量。

4．該裁掉的人，無論如何一定要裁掉

裁人這把利刃，多數的公司，尤其是新創公司，都要學會去用。林子大了，什麼鳥都有；樹大了，各種枝芽都長。就如同果樹需要很好地剪枝，才能更好地開花結果一樣，企業也要把那些浪費營養而無產出、破壞整體成長的壞掉的枝枝杈杈減掉，才能更好地發展。

那麼，企業裡什麼狀況的人員，要考慮被裁掉呢？創業幾年來，經過兩家公司的實踐，我認為以下幾類人，無論如何一定要裁掉。

1）能力不能滿足公司需要的人

公司追求的就是盈利，公司裡的每一個人都應該為公司創造價值。如若不然，冷血一點地說，不管這人怎麼好，只要不能為公司帶來價值，公司就要把他裁掉。

當然，能力不能滿足需要分幾個層次。首先是不能滿足其所在職位的要求，那可以考慮降低職級或者調職留用，讓他在公司內可以發揮他能力的地方繼續任職；如果是沒有任何地方可以用到他的能力，那麼就沒有辦法，只能忍痛將之裁掉。

每個人都有自己的能力，裁人不是否定他有無能力，只是他的能力跟公司需求不相匹配而已。在招人面試時以及試用期期間，要認真地對新入人員的能力做評估，盡量避免在新人成為正式員工之後再發現其能力存在問題而裁員。

2）態度和品性有問題的人

能力問題相對好評估，所帶來的負面影響也可控，人員的態度和品性若出現問題的話，帶來的負面影響就會大很多。越是高層的人員，其態度和品性有問題的話，對公司的影響越大，這些人不可靠的話，會直接影響整個公司的決策。

這裡說的態度和品性問題，包括但不限於態度不積極、工作敷衍了事、空口說白話、欺上瞞下等。這樣的人，耗費很多資源和時間，就是沒什麼太高的績效產出，用白一點的詞語講，就是不可靠！在我創業過程中裁掉的那麼多人中，有一半以上是因為態度和品性有問題。能力上有問題，可以透過學習來培養和提高。態度和品性上有問題，則很難做出改變，畢竟「江山易改，本性難移」。

現在人才市場上，招人很容易，找一個可靠的人卻相當不容易。

3）無法融入團隊的人

這人的能力挺不錯，甚至說相當好；這人的態度和品性也還好，工作認真，成效卓著。問題也許只有一個，就是沒辦法融入團隊，沒辦法跟團隊人員很好地相處。這樣的人，對公司而言，就有些「雞肋」。

現在的事情，很少單打獨鬥就能做成，都需要一個團隊一起努力，才能把事情做成做好。一個團隊，應該是一個整體，有凝聚力才能有戰鬥力。本來還不錯的團隊，因為一個人無法融入，而無法形成整體，這個人各方面再強，領導者也沒辦法留在團隊裡。領導者也沒辦法對這人特殊照顧，因為公司的特殊照顧，會讓其他人員覺得受到了不平等的對待，士氣和向心力就受到了打擊。「不患寡，而患不均」就是這個道理。

對於這類人，再好，也要忍痛割愛裁掉。一般情況下，人無法融入一個團隊一段時間後，也會自行離開的。在一個團隊裡得不到認同，自己也會有很大心理壓力，除非這個人的心理足夠強大。

5．當斷不斷，必受其亂——裁人要果斷

我實在是不喜歡裁員這件事，我想真正喜歡這件事情的人並不算多。不過，在公司運作半年之內，我還是裁掉了兩個人，其中一個還是公司的市場副總。

這位副總在公司成立之初就加入了公司，是合夥人級別的人物。在加入公司之前，我對他也有比較多的了解，經驗和能力都不錯。所以公司成立的時候，我邀請他加入，並給予較高的薪資和期權的激勵。本想按照他的經驗和能力，能做出不錯的成績，結果後面做得一塌糊塗，嚴重影響了公司的發展。

這位副總加入公司第一個月，我跟他一起制定了公司的市場和銷售的目標與策略，他做了很多暢想和規劃，我認可了。一個月之後，沒有做出來什麼成效。這位副總給出很多的解釋，

如團隊磨合、客戶接受度、產品不夠好等。多數說的有道理，我接受了他的解釋。公司又持續發展兩個月，業務拓展依舊和他做規劃時定的目標相去甚遠，他又有一堆的理由，什麼包裝太 LOW、產品總是出問題之類的。我對他的能力和態度有所懷疑，但還是說服自己繼續跟他磨合，也許他還沒有發揮真正的實力。

後來公司要進行新產品的大規模發售活動，我們做活動準備，需要這位副總確定活動的各項要素，包括場地、工作人員、目標銷量等。這位副總說沒有問題，很容易搞定。等到新產品發售活動進行時，才發現很多事情沒有做好，預期能到達的銷量只完成了很小的一部分。他說，他很努力了。問題是，我已經無法接受他任何的藉口了，因為他的不可靠，讓原本公司想要實現的策略目標無法實現，嚴重地影響了公司的後續發展。我這時才下定決心把他裁掉。

現在回頭看，在這位副總第一次沒有完成自己的目標並給出許多藉口時，我就該把他裁掉；至少也要在第二次的時候，將他裁掉，那時自己已經對這人的能力和品性做出了初步的判斷。但是，我並沒有堅信自己的判斷，猶猶豫豫地觀望，一而再、再而三地容忍他的藉口和失誤，結果導致了更大的失誤，真有些「當斷不斷，必受其亂」的意思。

作為 CEO，決定著公司的命運，為公司的存活和發展負責。對任何事情，一旦有了自己的判斷，就要堅信自己的判斷，當斷則斷——這樣的素養，是作為合格 CEO 的基本素養之一。

人員作為一家公司最重要的資產，CEO 需要對公司人員隨時進行修剪，增加更加適合公司的人，裁減掉不適合公司的人。這中間涉及 CEO 感情和理性的平衡，是很難做好的一件事情，但卻是 CEO 不得不做的一件事情——要會找人，也要會裁人。

之 4　用企業價值觀凝聚人才

每一家企業、每一個團隊，都是有生命的，都跟人一樣，會有它的特色，有它的性格和價值觀。人們可以透過它的性格和價值觀，來區分它與其他的企業或團隊。同時，一些人也會因為企業或團隊的性格和特色而喜歡它，另一些人則會討厭它。

這些是企業或團隊的性格和價值觀的作用所在。對外，企業或團隊的性格和價值觀體現為品牌形象，透過品牌建立識別度，篩選精準使用者；對內，企業或團隊的性格和價值觀可體現為企業文化，用企業文化吸引並留住與之匹配的人才。

本節重點討論的是後者。

1．企業擁有什麼樣的價值觀，就會聚攏什麼樣的人

從外資諮詢企業離開後，我跳槽到一家大型網路公司，在這家公司做管理類工作。無論從拿到的薪水考慮，還是從未來職業發展的角度考慮，這家公司都算是我不錯的選擇，應該可以在這家公司長久待下去，好好發展。

可結果是，我在這家公司只待了很短的一段時間就離職了，離職的核心原因是我無法適應這家公司中我所在團隊的管理觀念和企業價值觀。

這家公司的管理，喜歡關注於過程管理。比如週一的例會上，上司分配給我一工作，我對工作評估之後，認為週五可以完成，會議上就確定讓我週五給出答案。我按照我的工作習慣去安排我的工作了，按照我的想法，你不用管我中間怎麼去做這件事情，我只要在週五交出一份令人滿意的答卷即可。這是我的管理理念，偏向於結果管理。可是，公司部門的上司管理理念不是這樣，他要管到具體執行的過程，他在週二、週三、週四都會過問我的進度如何了。如果換個方式能不能更早交出結果呢？這種管理理念我真的接受不了，不在於結果管理還是過程管理誰對誰錯，只是純粹的理念偏好不同造成的衝突而已。

除了管理理念上不適應之外，對於企業的價值觀我也非常不適應。比如公司的價值觀是實用主義，所有的內外部專案想要立項成功，基本上都要把專案的最終結果推導出來，明確能帶來怎樣的增量或者收益。有些專案是可以直接帶來增量或收益的，但有些專案是不能直接推導出來這些東西的。而且一旦以增量或收益為決策導向的話，一些前瞻性的、短時間內根本看不出來增量和收益的專案，只能被打死，結果是造成企業經營的短視，錯過好多機會。這也是我所不能接受的，沒辦法改變企業，只能嘗試改變自己。改不了價值觀，就只好換人，無奈就走掉了。一兩年後，果不其然，就看到業界評價這家公司太過於短視，錯過了行動網路的「門票」。

我這樣的是屬於不能適應這家企業和所處部門的價值觀的，自然還有許多人很適應這家企業的價值觀，在這家企業當中混得如魚得水。這沒辦法，任何企業、任何企業價值觀，總有一些人不適應，也總有些人非常喜歡，就跟對一個人，總是有人喜歡、有人厭惡一樣。企業有怎樣的價值觀，就會自然聚攏跟這價值觀相匹配的人。

這是很正常的事情，除非是非常平庸的企業，才會沒什麼人喜歡，也沒什麼人討厭。而這種企業，也往往沒有什麼凝聚力，人們只是做一份工作，隨時可能走掉，僅此而已。

2．形成企業價值觀，凝聚相同價值觀的人

講一個公司人才流失的事情。

我們的工廠管理軟體創業專案，在經營到第二年的時候，遇到了一個危機——有好幾個兩年來跟我們一起走過的員工相繼離職。他們的離開是有所預兆的，大概在他們離開半年之前，他們就表現出要離開的跡象。那時，我和合夥人壓力特別大。本來招人就很困難，一下子又要走掉幾個人，這會對我們的業務造成極大的影響。

為了挽留他們，我們做出了各種嘗試，給他們加薪，對他們重用，許諾他們期權激勵等，盡可能地對他們照顧、對他們好。本來以為能留住他們，結果呢，該走的還是走了。那段時間，我們特別焦慮緊張，生怕有更多的人離職，也對留在公司的人各種照顧各種的好。一段時間後，弄得我們身心俱疲。

過了這段時間，人員稍稍穩定之後，我們就對這段時間發生事情進行反思，對整個公司的管理進行反思。我們在想，我們給予員工升職加薪為何他們還會離開呢？我們究竟應該怎樣留住人才呢？許久沒有答案。

我向一位創業的前輩講述了我們的困惑，向他請教解決之道。他了解了我們的問題所在之後，跟我分享了他的經驗教訓。

這位創業前輩在他的創業過程中，也遇到了跟我們類似的狀況。他們經過請教高人以及自我反思，最後找到了問題所在以及解決方法。出現這種狀況的原因在於企業沒有形成自己明確而獨特的價值觀，在工作中對於所謂價值沒有清晰明確的判斷，因此員工會覺得無所適從、不能適應。逐個地去照顧每個人的情緒，這樣做太過於耗時費力不說，也很難讓所有人滿意，弄不好會造成更多人不適應，更多人離職的現象。我們就發生了這種狀況。

所以，這位創業前輩建議我們，不要去費心費力地照顧所有人的情緒，要建立清晰明確的企業價值觀，透過企業價值觀去篩選人員。

一個有特色的企業，本來就不可能讓所有的人都喜歡，更不可能讓所有的人待得都舒服。那些適應企業價值觀的員工自然會願意留下，他們會越待越舒服；那些不接受企業價值觀的人自然待著不舒服，就會選擇走掉。用獨特的企業的價值觀，吸引並凝聚有相同或相似價值觀的人才，所謂「栽下梧桐樹，引得鳳凰來」。

企業價值觀，除了能對企業人員進行篩選外，還可以提升團隊的凝聚力和工作效率。當企業人員均認同企業的價值觀，大家分工合作才會趨於默契，做事情也更能積極主動。明確的企業價值觀，讓員工在工作中可以很清楚地做出選擇和判斷，判斷什麼事情符合企業價值觀而可以做，什麼事情不符合企業價值觀而不可以做，從而大大提高工作效率。

我們接受這位創業前輩給我們的建議，一方面去建構我們企業的獨特價值觀；另一方面從招聘開始，就利用我們的企業價值觀進行人員篩選，只招聘對的人、合適的人。

什麼是對的人、合適的人呢？除了在技能方面的要求之外，更為重要的是其價值觀要與我們的企業價值觀相配。只有這樣，才能招到更好地人，才能更好地留住人，才能讓團隊效率更高，最大限度地降低人力資源的浪費。

3·如何形成獨特的企業價值觀

建構企業價值觀是一個漫長的過程。直到現在，我們依然在建構我們企業價值觀的過程中，或者講我們仍然處在形成和演化我們企業價值觀的過程。

有怎樣的價值觀，就會演化出怎樣的性格；反之，有怎樣的性格，就會形成怎樣的價值觀。人是如此，企業也是如此。

我們在《兵熊熊一個，將熊熊一窩》中提到，一個團隊的性格，往往由其創始領導者所決定。創始領導者喜歡怎樣的性格，喜歡怎樣的價值觀，團隊往往也就有怎樣的性格和價值觀。但是，一個團隊並不僅僅只有領導者，還有合夥人、員工，大家一起組建了團隊。團隊中，大家在互相磨合的過程中，每一個人的性格與價值觀都會融入團隊的性格和價值觀當中，雖然創始領導者所推崇的性格和價值觀占主導地位。隨著團隊的發展，團隊的性格和價值觀也會隨之發展演變，慢慢形成的團隊性格和價值觀已經不是某個人刻意設定的了，而是在歲月中慢慢地形成和演變的，它會有它自己的生命。

參考這樣的過程，要形成獨特的企業價值觀，大致上要分為以下幾個過程。

1）建構企業價值觀

企業的領導者或者管理層，根據他們所推崇的性格和價值觀，建構企業的價值觀。這是個人為刻意的過程，相當於先給出一顆大家想要的企業價值的種子。

這顆種子所代表的人為建構的企業價值觀，要積極正面、要清晰明確。例如：

(1) 相互信任、相互包容、互相尊重；

(2) 透明、公平、平等；

(3) 以人為本；

(4) 尊重規則；

(5) 對客戶負責。

這些都可以參考，不一定真的要選擇如此的價值觀。在我們的企業裡，我們選擇的價值觀則是尊重規則以及透明公平。

2） 傳播企業價值觀

建構了企業價值觀之後，就要把企業價值觀應用到企業的方方面面，隨時隨地隨便誰都要去傳播企業的價值觀。例如，在企業內部的各種資訊管道上，向全體員工傳播企業價值觀；在團隊凝聚、內部會議、內部培訓上，也經常宣傳企業的價值觀。

除了宣傳傳播之外，企業價值觀也要體現在公司日常經營的每一個角落。員工在工作時，要貫徹企業價值觀；公司管理層更要身體力行，以身作則，上行下效，管理層的表現決定了整個組織的表現。

沃爾瑪企業文化建構的例子就是這種情況，值得我們學習。沃爾瑪老闆坐飛機都是經濟艙，住酒店也都是一般酒店，公司的複印紙更是雙面使用。他會一分錢、一分錢地去節儉。這種近乎苛刻的節儉，上行下效，從老闆到員工無一例外。這樣的企業看起來很「摳」，但這些正是源於它的價值觀：為顧客節省每一分錢。在相同利潤率的前提下，這會使沃爾瑪給顧客更多的優惠。

企業的所有人都接受了初始建構的企業價值觀，並落實到工作細節當中。企業價值觀的形成就會進入第三階段，開始逐步地自我演化。

3）演化企業價值觀

現代社會，任何一個團隊都不是「一言堂」的獨裁團隊。團隊中管理層與成員相互磨合、相互妥協、相互影響。團隊是一個動態的集體，在不斷變化，團隊的價值觀自然也會跟隨者變化調整，這種變化調整就不是由人刻意為之的了。

架構了初始的企業價值觀，所有人都接受了企業價值觀，並身體力行，就不需要對於企業價值觀進行刻意管理，採用一種放養的方式，讓企業價值觀自己跟隨團隊的變化而成長、長大、繁衍、演變，不人為過多地干預，慢慢地企業價值觀會變成它本該呈現的樣子。

當然，放養也不是完全不管不問，對於整個演化的過程也要做一定的監控，不能讓價值觀偏離正道走上邪路，那就得不償失了。好的企業價值觀，就像磁鐵一樣，會吸引好的東西。壞的也一樣。

3 產品開發

產品的概念，不一定是實體的實物產品，或者是虛擬的網路工具之類的，也包括各類企業提供給客戶的服務。從理論上來講，一切皆產品，我們可以把所有的事情都當作一款產品去運作，也都可以用產品的思維去運作。

之1 產品開發與換代

產品是所有公司經營的基礎，公司的業務都是圍繞產品建立的。隨著企業發展到不同的階段，企業的產品也會處於不同的開發與換代的階段，同樣推動著公司業務進入不同發展階段。

我不做具體的產品開發與換代的工作，在這方面自然沒有太多的經驗。我相信，多數的創業者也不會去做具體產品開發與換代的工作，但是大多都會從策略上掌控產品如何開發以及如何換代，這是我想要分享的內容。

1．產品開發與換代的階段要與專案發展階段相適應

一位創業的朋友，做硬體方面的創業，是有關空氣質量檢測設備的。市面上有些新創企業做類似的事情，但這位創業朋友把他自己的創意加進去。他們按照他們的創意重新設計了空氣質量檢測設備，核心功能跟一般的檢測設備差不多，但增加一些物聯網功能以及他們創意的功能。

硬體方面產品的研發，跟軟體類的產品有很大的區別，常常有各種不確定性在其中。原本他們預期三四個月就能夠研發出來完整功能的樣品，結果中間出現電路板設計、整體功能搭配產生衝突之類的問題，耗費了六個月他們完整的產品也一直沒有出來。產品出不來，使用者測試、市場測試都無法去做，中間也有些硬體方面的展會，他們也不能參加，整個專案的發展進度嚴重被拖後。

我這位創業朋友遇到的問題，一方面是他們在產品研發管理上出了一些問題；另一方面是他們沒有關於產品開發與換代的策略層面階段劃分的清晰概念。他們所有的專案進展，全部依賴於一個完整的產品，實際上要清楚在創業的早期階段，是不需要那麼完整的產品的。每個創業階段，都對應相應的產品開發與換代的策略階段。

2．產品開發與換代的策略階段劃分

在策略層面，產品的開發與換代是分階段的，而且不同的階段也對應相應的創業階段。

1）產品概念階段

產品概念階段，產品只是一個粗略的概念和設想。想要做一個什麼樣的專案，開發怎樣的產品，產品實現什麼樣的核心功能，帶來怎樣的效果，支撐怎樣的業務，等等。

這個時候，專案一般處於種子階段，主要工作是尋找專案，規劃產品，邏輯上驗證專案是否可行。

2）產品原型階段

產品原型階段，根據產品的概念和設想，制定產品的原型，包括概念原型、低擬真原型、高擬真原型等。產品原型，展示出產品的核心功能、產品的界面、主要的互動等。

產品概念原型一般用在專案種子階段，低擬真原型用在種子階段末期、天使階段的前期，高擬真原型一般就用在天使階段。有了產品的原型，就可以進行內部產品開發溝通，外部合作的演示，推動業務測試。

3）基本產品階段

基本產品階段，產品至少完成了核心功能的開發，並可以投入測試、推廣和使用了。基礎產品，相當於產品的最早版本、基礎版本。在基本產品的基礎上，開始規劃做產品換代，逐步地建構成熟。

基礎產品在天使階段就要完成，因為天使階段所要做的產品測試、使用者測試、業務測試、模式驗證等，都是以產品為基礎的。甚至在天使階段，要完成幾代產品的換代，讓產品具備上市推廣的程度，以為後面的A、B、C輪的發展打基礎。

4）換代產品階段

在基礎產品的基礎上進行產品換代，逐步豐富產品的功能，美化產品界面，提升產品互動體驗，優化產品的性能。透過一代一代的換代，逐步把產品做成熟。

換代產品階段可能橫跨天使輪、A輪、B輪等，因為一款產品只要還有市場，就可以不斷地換代下去、完善下去。

5）成熟產品階段

到了成熟階段，產品的功能架構大致穩定，不會再有較大的功能和特性變動，產品可能仍會換代，但主要針對存在的bug修訂，或者細枝末節功能的增加和完善。

產品一旦變成熟，意味著產品市場推廣已快到穩定階段，或者已經在穩定階段。市場會持續一段時期在市場穩定階段，而後逐步地開始萎縮。這時候要拓展市場規模，就需要增加相關產品，形成產品線了。

成熟產品階段一般在企業的A輪、B輪或C輪。

6）產品線階段

當一款產品趨於成熟時，功能、特性都不會有太大的變化，產品基本上已能滿足使用者的需求，這也意味著使用者對於產品已然沒有更多需求。這樣一款產品很難再帶來更大的市占率突破，以及銷售額的突破。

這時，需要由點及線，由單一產品拓展成產品線。舉個例子，我們做工廠管理軟體，一開始做一個單點功能，比如品質管理功能，待這個功能成熟後，我們做相關的數據採集、過程監控、績效統計等，形成一條產品線。

開發產品線時期，一般在A輪中後期、B輪等，必須是至少有一款成熟產品之後，才可能開發產品線。

7）產品體系階段

在產品線之後，就是建立一套產品的體系，由多條產品線構成。仍然以我們的工廠管理軟體系統專案為例，我們在一條產品線的基礎上，擴展到不同的行業客戶，一個行業就是一條產品線，多個行業構成一套產品體系。

做產品體系的時候，多數是在 B 輪、C 輪等專案階段，企業也漸近成熟了。不過，對於產品線、產品體系的規劃，在天使輪甚至種子輪就可以考慮進行，在後續發展階段不斷調整規劃，在適合的時機啟動實施。這是一種策略規劃。

也有些企業就圍繞一款產品開展業務，這也不是不可行的。單個產品的好處在於專注，壞處則是風險集中，且預期市場成熟時，擴展空間也就有限了。

之 2　設計與產品

企業交付給使用者的東西，都可以稱為產品，可以是實體的實物，也可以是虛擬的軟體、工具，還有各種類型的服務。

使用者使用產品，其目的是解決工作生活中遇到的問題。解決問題過程中，人們一方面關注怎麼使用具體產品功能來解決問題，另一方面關注這個產品好不好用。產品設計本就是產品的一部分，是不可缺少的一部分，是越來越重要的一部分。

網路時代，產品極豐富，同一領域內有眾多可選產品，各產品之間的功能也趨於同質化，大同小異，相互之間的區別很小。在產品功能特性可滿足人們需要的基礎上，人們更加關注的是各產品在使用體驗上的差別，產品好不好用，用起來是否舒服。造成這種使用體驗上的差別的原因在於產品的設計，包括邏輯設計、互動設計、外觀設計等。

以如今的智慧型手機為例，分為兩大陣營 Android（安卓）手機和 iPhone。iPhone 從開始到現在一直是將產品的硬體、功能和設計結合得最完美的產品。Android 手機則分散為各個陣營，各個陣營基於 Android 基礎系統訂製了各自的系統，它們在功能和性能上沒有本質的區別，僅在UI設計和互動設計上做出各自的特色，由此吸引不同的使用者，例如三星、Sony、Google 等。隨著智慧型手機的發展，Android 和 iPhone 也在逐漸趨於相同，功能上相同，設計上也相同。每次系統升級，使用者對於系統功能升級是一方面，更加看重的是設計層面上的東西。

智慧型手機的例子反映出，使用者越來越重視產品設計方面的提升，甚至會透過設計和體驗來決策是否選擇使用一款產品，而不僅僅是看產品的功能。使用者為何會越來越重視產品的設計呢？因為設計本來就是產品本身的屬性，好的設計能讓產品更好地展現出其商業價值，體現為如下幾方面。

1．設計帶來產品的體驗

使用者的需求，決定了產品功能，這是產品價值體現。人們對產品的最基本需求在於功能，這是毋庸置疑的。在產品功能沒有滿足使用者需要的前提下，人們首先關注的自然是功能。但是在科技發達的今天，多數產品的功能基本上都可以滿足人們的需要，人們選擇產品的時候，往往會透過產品的設計來決定。

(1) 一款產品功能再強大，但是外觀醜陋、使用複雜的話，人們往往也不會選擇使用它。人類是視覺的動物，就跟人們透過第一印象用「以貌取人」的方式對陌生人做出判斷一樣，人們也是透過第一印象來給出對一款產品的判斷。如果產品第一眼望去，視覺上很精美，細節上很精緻，互動上感覺舒服，人們就會覺得產品的開發者是用心研發產品的，自然就會覺得產品的功能也一定很好。

(2) 產品的外觀設計、互動設計是人們能直接感受到的，產品的功能邏輯不能被使用者直接感受到，是透過產品的外觀設計、互動設計、操作流程體現出來的。產品的設計，從外在上體現了產品的功能，產品的功能體現了產品的核心價值，所以產品的設計是產品核心價值最外在的體現。

(3) 人們的生活水準不斷提高，人們的審美層次也不斷提高。人們對於產品的需求，已經不再是純粹的功能需求，更多地是從審美、從品位的角度去考量。一款產品，帶給使用者的不僅僅是解決問題，更要帶給使用者與其生活品位相匹配的生活體驗。產品的設計，在某種程度上，能給一款產品帶來更高的附加價值。

2．設計帶來產品的識別度

我們走在大路上，迎面走來一位穿著時尚的年輕人，手裡拿著一台手機，戴著一個白色的耳麥，連接在手機上，不知道是在打電話還是在聽音樂。但我們馬上就能看出來，這位年輕人在用蘋果的設備。蘋果出色的產品設計，讓它的產品在其他廠商的產品中間擁有了極高的識別度。

在一堆產品當中，人們首先獲取的是產品設計展現出來的資訊。獨特的產品設計，可以塑造產品特有的氣質，讓其在眾多同類產品當中顯得與眾不同，從而脫穎而出，建立產品的識別度。在產品設計上與競爭對手的差異能夠帶來對使用者心智的占領，使產品產生符號化的象徵。好的產品設計是區別於其他同類產品的認知符號，這就是當下蘋果公司達到的高度。

當然，要實現產品的識別度，從設計的角度而言，不僅僅要在產品設計工藝層面做出獨特的東西，更重要的是在產品設計中體現出獨特的理念、文化和價值觀，把具體的設計效果層面的東西，提升到一種符號象徵層面的東西，才可能真正帶來產品的識別度。

3．設計傳遞品牌文化和價值

設計傳遞品牌文化和價值的案例之一就是蘋果公司及其產品。蘋果本身logo的設計，就傳遞出來它的品牌文化和價值，它的每一款產品也都展現出了它的品牌文化和價值觀。從蘋果的iPod，到iPhone，再到iPad，還有蘋果的電腦，每款產品都體現出了他們的極簡而優雅的理念，這是從賈伯斯時代就傳承至今的文化和價值觀。對於蘋果而言，設計是他們的核心價值之一。

設計也是生產力，索尼、東芝、三星及LG等，都把設計作為企業的「第二核心技術」。很多企業現在都把設計視為擺脫同質化，實施差異化品牌競爭策略的重要手段。

企業的價值觀、企業的文化，最終都要體現在企業為使用者提供的產品和服務中。如上所述，使用者從產品當中獲得的最基本的是產品功能，其次就是產品設計帶來的使用體驗，乃至生活體驗，這些最直接地體現在產品的設計當中。企業統一產品設計，將在市場上產生很強的視覺衝擊力和統一感，形成統一的感官形象和統一的社會形象。好的產品形象與企業形象相結合，產生重大的合力，進而造就品牌效應，從品牌和文化的角度建立識別度。

功能永遠是產品的基礎，形象更好地實現展示產品功能，並帶來產品的識別度、品牌的識別度。完美的產品，就是要實現功能和設計的統一。

因此作為企業，在開發產品時，不僅要重視產品的功能，還要重視產品的設計，甚至由設計來驅動產品功能選擇，由設計來決策產品的開發。

之3　設計不是美工

我們的生鮮電商專案剛開始起步的時候，需要做大量的設計工作，其中很重要的一塊設計工作是產品外包裝的設計，包括保溫盒、包裝紙盒等的設計。我們自己做不了，就外包給第三方設計團隊去做。

1．尋找設計的故事

設計團隊做事情，一般是先獲取我們做設計的需求，問清楚我們要設計成什麼樣子，他們就會根據我們的要求去做設計，最後提交給我們他們的設計成果。問題是，很多設計團隊做出來的東西，真的就是把我們設想的樣子給實現了而已，並沒有在我們的設想之上增加他們自己的思考、增加他們自己的理念。這樣的所謂設計，根本就不是什麼設計，他們只是實現了我們的想法，充其量只能稱為美工而已。

我們最後合作的一家公司，是一家在國際上有排名的設計公司。在跟這家公司的合作當中，我們終於得到我們想要的東西。我們對於外包裝設計的理解並不是很深入，最多只能從業務角度提出需求，我們更加希望設計公司能從專業的角度給我們一些建議。這家設計公司就做到了這一點，他們把以往累積的專業經驗放到了他們的設計裡面，給我們提出很多我們自己沒有想到的問題，雙方一起解決這些問題，一起去做產品外包裝的設計、生產和升級等過程相關的事項。這才是我們想要的設計，這才是專業的設計公司。

隨著公司的業務進展，我們也需要專職的設計人員。我們進行了大量的招聘，也試用了一些設計師。多數的設計師，只能稱為美工，他們能做的事情，只能把別人的想法實現出來，而不是用自己的理念設計出來。那一段時間，我對於各種掛名的設計師一直沒有什麼好感，好多根本就不是設計師，只是各種技術比較扎實的美工。

2．設計和美工的區別

產品設計，是產品的一部分，帶來產品的外觀和體驗，建構產品的識別度和品牌的識別度。產品設計，是產品開發中很重要的一個環節。只是產品設計，不只是讓產品看起來漂亮而已，而是要把體驗、理念和價值設計到整個產品當中。因此，企業在尋找產品設計人員，哪怕是外觀設計人員時，要區分清楚設計和美工的區別。

設計一定是很好的美工，設計和美工有一系列的共同點，如下。

(1) 設計和美工都有扎實的美術功底，能夠做出看起來很美的東西。

(2) 設計和美工都會熟練使用常用的設計軟體等一系列的設計工具。

(3) 設計和美工都熟練掌握各類設計相關工作的基本流程。

即使有一系列的共同點，美工未必就一定是設計，設計與美工也有很大的不同。例如：

(1) 設計創造原創作品，美工常做複製和模仿。

(2) 設計用自己的方式，更好地傳達訊息；美工按照別人的要求，去表達訊息。

(3) 設計有獨特思維，進行獨立思考；美工不做獨立思考，只是實現別人的想法。

(4) 設計有自己的設計理念和價值觀，由內而外設計；美工只是在形式上進行設計。

(5) 設計師的「設計」是為了創造性地解決問題，美工的「設計」重點關注形式上的好看。

設計和美工之間的差別，好比畫匠與畫家的差別，又好比琴師與鋼琴家的差別。設計是要針對問題提供一套完整解決方案，包括內在的價值理念，外在的視覺體現；美工則只專注於設計視覺的部分工作，只負責「美」，而不負責解決問題。

3．企業要清楚所需的是設計還是美工

如果企業只是需要對設計出來的東西進行形式上的美化，那麼要找的人就是美工。如果想要解決整體產品設計上的問題，那就需要一個真正的設計師了。

我們在創業中，尋找各種有才能的人。對於一個人是否有才能的判斷標準之一，在於看他是否把他自己的思考、理念放入他的工作當中。真正的設計師就要有自己的思考、有自己的理念，這也是選擇設計師的標準之一。

設計和美工並沒有什麼好壞之分，只是不同的人要用在適合的職位上。做設計的去做設計，做美工的去做美工。弄錯位置的話，結果自然不盡如人意。企業也要弄清楚，所需要的是設計，還是美工。

4 市場推廣

市場推廣與銷售，是一家企業裡少數的直接帶來利潤的部門，其他部門均是成本中心。產品的研發與換代本身是有很大價值的，甚至是一家企業的核心價值所在。但是不管怎樣的產品，若賣不出去，沒有人去使用，最終不能換來真金白銀，它依然只能是成本。

企業要生存下去，需要現金流，需要產生現金流的業務，需要帶來現金流的產品，更加需要能把企業的產品兌換成客戶口袋裡的鈔票的藝術——這就是市場推廣與銷售。

之1 做產品越來越容易，賣產品越來越難

我們做生鮮電商的時候，需要一套基於手機通訊APP的電商系統，以用於支撐我們開展電商銷售。我們自己沒

有技術開發這套系統，就找外包團隊去做。一個小團隊，用了一個多月，幾萬元，就能做出一套可用的電商系統。

前文提到過，我的一個做硬體創業的朋友，雖然他們花了五六個月才做出一款相對完整的產品，但是他們的樣品製作，也只是花費一兩個月的時間。只要產品設計拿出來，就可以找到代工廠去做樣品加工、產品生產。

科技飛速發展的時代，技術門檻越來越低，產品的開發越來越容易，成本也越來越低。只要找到合適的人、合適的技術，加上一定的設計和管理就能按照一定的要求，做出來還不錯的產品。

正因為做產品越來越容易，成本也越來越低，市面上相同或者相似的產品大量存在。以行動網路產品為例，在 AppStore 上面，隨便搜尋一個功能，比如筆記，就能找到一大堆相同或類似的產品，這些筆記 APP，多數的功能都是類似的，在細節上有所差別，但差別也有限。

如同筆記 APP 一般，市面上同質化的產品多如牛毛。人們要承受多大的選擇困擾，才能在這麼多的產品當中，選擇一兩款合乎心意的產品？反過來，對商家而言，開發出一款產品，該要怎樣辛苦地衝破重重相似產品的阻撓，才能送到使用者的手裡呢？

現在，很多新創公司所面臨的問題已經不是做產品的問題，而是「賣」產品的問題——開發產品越來越容易，推廣產品越來越難。

在目前商業環境下，市場形勢與以前大不相同，產品的行銷推廣愈加困難，主要的原因有以下幾方面。

1．人們注意力越發有限，興趣轉移快

處於行動網路時代，人們被各種碎片化的資訊、各種眼花繚亂的產品所圍繞。人們有限的注意力，被敲打成碎片，散落一地。人們總被各種層出不窮的新資訊、新產品所吸引，注意力不能在一款產品上長時間集中，興趣也隨之快速轉移。一款產品，想做推廣，要長久占領人們的心智，占領更多人的心智，是越來越難的事情。

2．同類產品極大豐富，同質化嚴重

產品開發越來越容易，成本越來越低，隨便什麼個人或團隊，就可以開發出一款產品，由此造成市面上同一類產品的數量極多，功能同質化嚴重，有自己特色的產品極少。沒有自己的特色，尤其是不可被複製的特色，自然就很難在眾多的同質化產品中脫穎而出，成為一款明星產品。

3．有效通路越來越少，通路越來越貴

傳統市場環境下，產品的銷售和推廣主要透過各種產品銷售通路進行。在行動網路環境下，傳統銷售通路大量萎縮，有效的產品銷售通路越來越少，而少數的有效通路也越來越貴，包括網路通路。透過通路進行產品的行銷推廣，成本越來越高，效果也逐步變差，需要不斷地探索新的通路。

4．網路是買方市場，賦予使用者更大權力

網路、行動網路的普及，從根本上改變了買方和賣方之間的權力狀態，把傳統的賣方市場轉變為買方市場。網路上，資訊傳播快速、透明且極大豐富。任何產品的好壞，不是賣方說了算，而是眾多買方的評論、建議彙總的結果。使用者有了更多的選擇，有更大的權力自主做選擇，企業想要占領的使用者的心智，影響其做選擇越加困難。

5．網路通路看起來容易，但流量獲取困難

網路環境下，最為有效的行銷推廣通路是網路行銷，這也是當下任何產品在做推廣時，必然要考慮的一條行銷推廣路徑。網路行銷推廣看起來很容易，可以直接接觸到使用者的方法有很多，但是網路上流量呈現明顯的馬太效應（Matthew effect，一種名聲累加的回饋現象）。明星產品的流量很大，會吸引更多的流量；普通產品的流量很小，就無法吸引更多的流量。對於普通產品，沒有好的創意、好的途徑獲取到流量的話，想要透過傳統方式獲取流量很困難。

6．資訊傳播快而廣，對產品有更高要求

網路上，任何資訊如果能傳播，都會呈現傳播速度快、傳播範圍廣的特色。好事可以瞬間傳千里，壞事也可以眨眼傳遍世界。這種情況下，企業首先要回歸到產品本身，確保提供高品質的產品，建立產品的良好口碑，而後才是進一步的行銷推廣。企業在行銷推廣的同時，要維護產品的品質和口碑。

隨著市場環境的變化，產品開發越來越容易，產品行銷推廣越來越難。作為創業者，不一定要具體去做產品行銷推廣的工作，但要把行銷推廣放到策略層面，從企業發展的角度去看待。

從策略層面，創業者對於行銷推廣的關注重點在於兩個方面：

其一是從行銷推廣的角度推動產品開發，讓產品自帶行銷傳播屬性；

其二是要嚴守產品品質，以維護產品良好口碑。

之2　由行銷推廣定產品開發

1．傳統商業中，產品開發與市場推廣是割裂的

傳統商業中，企業業務是分段式的，先開發產品，而後再做行銷推廣。

企業提出一款產品的設想，進行市場調研，驗證可行性之後，進行產品設計、產品研發。經過很長時間的研發後，終於拿出一款看起來功能比較完善的產品。有了功能完善的產品，才開始做廣告、做行銷推廣。

如果產品切中要害，就會廣受市場歡迎，行銷推廣順風順水，產品一路大賣；如果產品沒有切重要害，行銷推廣沒有什麼效果，不但行銷推廣的費用會大大浪費，產品開發投入的成本也會打水漂。

傳統企業做產品就是做產品，做行銷推廣就是做行銷推廣。有些傳統的公司就是尋找各種現成的產品再把它們賣出去而已，這就是所謂的銷售公司。這些公司在做產品時，是無法知道這款產品是否受使用者歡迎、能否大賣的。

所以，在這些年「網路＋」概念盛行的時候，傳統企業尋求轉型，利用網路思維改造傳統的行業，他們最為直接的選擇是做網路行銷。他們認為網路最大的作用之一就是市場推廣，所

以就把重心放在了產品的網路行銷推廣上。但結果是，依然只是很少企業能把網路行銷做好，能把產品賣出去。

他們最直接的問題是把注意力完全放在產品的行銷推廣上，仍然割裂地看產品開發和市場推廣，而沒有理解在網路上，產品開發和市場推廣是一體的。一款能在網路廣泛傳播並大賣的產品，從產品功能或屬性上就自帶行銷和傳播屬性。

企業閉門造車做出來的研發產品，然後再藉助行銷手段把它們推廣出去。但現在，從產品開發到行銷推廣都需要從客戶的角度想問題、看需求。《定位：在眾聲喧嘩的市場裡，進駐消費者心靈的最佳方法》中說到，企業容易犯的錯誤是「看看自己手頭上有什麼資源，然後為了避免浪費，企圖應用這些現有資源來獲得客戶的青睞」。《定位：在眾聲喧嘩的市場裡，進駐消費者心靈的最佳方法》書中的例子是福特汽車認為自己的產品線中缺少中檔產品，為了彌補這一空缺，推出了中等價位的產品，但實際情況是市場上的中檔車已接近飽和，已經根本沒有福特新款中檔車的立足之地。

2．網路時代的商業，產品開發與市場推廣相輔相成

美國矽谷的公司流行「工程師文化」，在這些公司裡，他們推崇「好產品自己會說話」的理念，認為好的產品根本不用花大力氣、大成本去推廣。他們不會用那種傳統的行銷推廣人

員，他們用「病毒式行銷」的方式，透過技術手段、數據分析的方式，尋找到產品的爆發點，並反過來影響產品的形態，建構具備爆發點的產品，從而引爆產品的流行。這種「病毒式行銷」的思路，是網路時代產品開發與市場推廣相統一的思路。

在網路時代，很多產品的開發，都是由行銷推廣驅動的。這主要體現在以下幾個方面。

1）網路時代的產品更加注重產品的精準定位

精準定位，就是從行銷的角度看，確立誰是我們的精準客戶，他們遇到怎樣的問題，我們給他們解決這些問題。客戶定位精準，要解決的問題明確且足夠「痛」，那麼產品功能也就十分精準明確，直接能夠搔到使用者的癢處。

網路時代的市場競爭，進入了垂直市場領域，因為大市場已經被大企業瓜分完了，對於中小玩家只能做精準的垂直市場，要從一開始就要定位清楚為什麼樣的人提供怎樣精準的產品和服務。

2）網路時代的產品注重從行銷推廣的角度規劃產品

一款產品獲得客戶的認同，一般由外向內要經過功能的認同、特性的認同、信任的認同、理念的認同。對於產品的規劃，要從獲取客戶認同出發，規劃產品要具備怎樣的功能，繼而產品擁有怎樣的特性，如何與使用者建立信任，並傳達出怎樣的價值和理念。

例如賈伯斯開發 iPod，他對技術人員說：把 1000 首歌給我裝到這樣口袋大小的東西里面。產品人員和技術人員就去做。

這一系列原本就是行銷推廣要做的事情，但在產品規劃設計時，也是要考慮的。

3）網路時代的產品注重快速試錯、快速換代

傳統的產品開發，是做好了產品規劃設計之後，就投入到漫長的產品開發週期當中。只有在產品按照計劃完全開發出來之後，才會投入市場做測試。按照網路的發展速度，三五個月過去後，整個市場的需求已經發生了很大的變化，要知道現在在網路上，號稱三個月即是一年。

網路時代的產品，注重的是快速試錯，快速換代。先做出基本的產品，就投入使用，經過一定的市場推廣，測試市場對於產品各功能的接受度，分析什麼是使用者真正需要的，什麼是使用者不需要的。透過換代，強化使用者需要的功能，減少使用者不需要的東西。

4）網路時代產品自帶傳播和行銷屬性

我們看多數的網路產品都至少有幾個基本的市場推廣功能，如邀請功能、分享功能等。邀請功能，就是邀請更多的人使用產品，產品會給予其使用者一定的獎勵。分享功能則鼓勵使用

者把產品所產生的內容，或者對於產品的評價，分享到社交媒體上，從而引發產品的傳播。這就是自帶行銷和傳播屬性的產品。

3．如何由行銷推廣定產品的開發

行銷推廣的目的是讓更多使用者購買使用我們的產品，其本質就是要給使用者一個購買的理由，這個理由可以是產品的功能、特性、價值、理念等。而這些就是產品很本質的東西。

所以，由行銷推廣定產品的開發，其實是一種回歸產品本身的思維，也就是行銷推廣和產品是相輔相成的。說好聽一點，行銷推廣應該是產品的一部分。

總結上文的分析，要做到由行銷推廣定產品開發，可以遵循以下的流程：專案的概念→產品的概念→市場推廣策略→設計→產品功能→產品概念

我們發現了一個社會問題，很多潛在使用者都會遇到一些問題，我們想要解決這個問題，就形成了一個創業專案的概念。

在這個創業專案裡，我們要做個產品，讓使用者願意用我們的產品以解決使用者的問題。使用者怎樣才會願意用我們的產品呢？怎樣才會有更多的使用者用我們的產品呢？我們要從產品功能、設計、特性、理念等各個角度，形成我們產品的概念。

在產品概念的基礎上，我們要考慮：從什麼方面突破，讓使用者願意購買使用我們的產

品；使用者怎麼知道並獲得我們產品；客戶使用我們產品之後會怎樣。這些就是做出市場推廣的策略，將決定我們產品具備怎樣的具體功能和特色。

根據產品概念和市場推廣策略，對產品進行設計，包括視覺設計、互動設計、體驗設計以及最核心的功能設計。

接下來是進行產品開發，實現產品的功能，並投入市場進行測試。再根據市場測試的結果，調整我們的產品概念，進一步調整產品市場推廣策略、做產品設計升級、產品功能換代等。

這樣就構成了一個有行銷推廣推動產品開發的循環。

網路時代，企業和使用者是隨時在一起的，企業和使用者一起創造了產品。由此，產品開發和市場推廣也是一體的。

之3　口碑行銷是網路時代主流的市場推廣方式

口碑傳播是人類之間資訊傳播的基本方式。古代資訊傳播不發達，對於事物，人們很難每個都自己做仔細的研究，只能透過其他人對該事物的口碑進行判斷。現代資訊傳播逐漸發達，獲取資訊又太多太雜，良莠不齊，最好的判斷方式也是透過人們的口碑。

利用這種口碑傳播，進行主動或被動的行銷就是口碑行銷，這也是自古以來就有的，也算是一種基本的行銷方式。

1．口碑行銷是最基本的行銷方式

口碑傳播自古就存在，口碑行銷也是古來有之。最為典型的一個案例，就是三國時候的臥龍鳳雛。

《三國演義》裡有一句很知名的口號，就是「臥龍鳳雛，得一可安天下」。這句話，據考察，就是諸葛亮、龐統的前輩給他們做口碑行銷而量身打造的一句口號，並透過當時荊州士大夫的傳播，變成天下皆知的秘密。

在這句話傳播出來時，諸葛亮和龐統都沒有什麼工作經驗，這句話翻譯成現代語言，用在現代情境下，不啻說「臥龍鳳雛，這兩個應屆畢業生，隨便錄取一個都能讓你公司趕超蘋果、Google」。這怎麼可能呢？

不管可能不可能，透過這場口碑行銷，諸葛亮、龐統也都算是獲得了不錯的發展前途，雖然天妒英才，龐統悲慘地很早就死了。當然，後面的事實也證明了這兩個人也確實有真才實學，完全當得起這句口碑。

接下來的口碑行銷的例子，就要數《水滸傳》了，「花和尚」魯智深、「黑旋風」李逵、「豹子頭」林沖之類的，這些所謂的江湖名號，其實就是人們對於這些人的口碑。比如宋江的名號是「及時雨」，宋江有什麼呢？憑什麼能做老大？因為人們都說宋江是「及時雨」，急公好義，願意為朋友兩肋插刀。在那個重義氣的時代，這是人們最為尊重的東西，即使宋江武功不怎麼樣，智謀也一般，但還是做了一幫人的老大。

無論是古代社會，還是現在社會，到處都充滿了類似這樣的案例。一幫人聚集聊天時，一提到某個人，人人都會對他都有一個評判，好與壞、醜與美、可靠與否等，這些都是口碑。

2．網路時代，口碑行銷更加重要

網路的普及，讓口碑行銷甚囂塵上，越來越重要。

在網路上，資訊極豐富，任何一個事物，在網上能找到各方面的資訊，有正面資訊也有負面資訊，有真實資訊也有虛假資訊。資訊太少的話，不足以支撐人們做判斷和選擇；但資訊太多的話，又嚴重影響人們做判斷和選擇。在大量資訊混雜的環境下，口碑往往是人們進行判斷的很重要的依據。

所謂口碑，是人們對事物的自主認識，不是別人強加給人們的。一個事物，不是你想讓別人說好，別人就會說好的；而是你要真的好，人們真心認為你好，好到他們願意為你傳播，才能引發口碑傳播。「老王賣瓜，自賣自誇」式的吆喝是廣告，而不是口碑傳播。口碑傳播的資訊，相對來說都是比較真實的。也許有人會摻雜虛假資訊，也只有摻的虛假資訊足夠多，才能影響口碑的真實性。問題是，這得摻雜多少假內容？要付出多大的成本呢？

從前面的例子裡，我們看到口碑所傳達的資訊，即事物中最有特色的部分，比如「鼓上蚤」時遷，其最大特色是身輕如燕；「及時雨」宋江，突出他的重情重義。人們總是對事物最有特色的部分有深刻的印象，向外傳播時，自然會傳播這一點。從這個角度，口碑傳播的資訊往往能夠為人們展示出事物的核心和特色所在。

這兩個原因，讓人們在網路時代，更加偏向於透過口碑對事物進行判斷。例如，我們去餐廳吃飯，怎麼選餐廳呢？傳統的做法是，哪裡人多選哪裡，覺得吃的人多，總不會太差。卻沒想到，那麼多人也許都是假客人。這個做法也就不那麼可靠了。網路時代，人們透過各種網路評價來判斷，一家餐廳是不是好，看評分、看評論，就能大致評估出來了。就這一點，就出了Yelp、Trip Advisor 這樣幾十億美元的企業。

口碑如此重要，想要吸引人們持續的關注，就要有良好的口碑，並要維護好口碑，因為成也口碑，敗也口碑。為什麼這麼說呢？

在網路上，口碑的傳播無限加速，好的方面可以快速地流傳，壞的方面更是瞬間千里。同時，網路又讓口碑資訊幾近透明，一條爆炸性的新聞，不管是好的還是壞的，想在網路上進行徹底封鎖，基本上不可能。

在這種情境下，一旦人們給你一個壞評價，就可能快速而廣泛地傳播，形成一種負面的口碑。壞的口碑一旦形成，想要做出改變，實在太難。就如露天店鋪，一旦有人給出了負評，會對銷售有很大的影響。人們都是透過看評論來購買的，負評就意味著壞的口碑，人們不敢相信你的產品是好的。

對任何一個商家，客戶對其產品的口碑，都直接影響了該商家的收益，嚴重一點說，可能決定了該商家的生死。

3．任何產品都要維護好口碑，透過口碑式傳播進行口碑行銷

從另外一個角度講，只要你的產品有足夠好的品質和體驗，你就可以利用口碑傳播的方式進行口碑行銷。主動建立良好的口碑，鼓勵人們為你做傳播，利用網路傳播資訊透明、傳播速度快及傳播範圍廣的特色，點燃爆點，快速地進行口碑傳播，攻占目標市場。

那麼，做一場成功的口碑行銷，要採取怎樣的策略呢？我們參考「臥龍鳳雛」的例子來分析一下。

首先是口碑傳播的口號要朗朗上口。「臥龍鳳雛，得一可安天下」，且不說這外號定得如此雄壯霸氣，就是這麼一句話，朗朗上口，聽一遍就記得住，也可隨口傳得出來。

其次是品牌背書。臥龍鳳雛，有大隱士龐德公的推崇，有水鏡先生、徐庶的認可和推薦。有這些意見領袖傳播、這些優秀品牌的推薦，臥龍鳳雛想不紅，也不是那麼容易的。

最後是傳播的故事。「得一可安天下」的噱頭，雖然不算是完整的故事，但在當時的亂世，也很容易成為人們茶餘飯後的談資，具備了很好的傳播條件。

當然了，不管做怎樣的口碑傳播，都有一個很核心的點，就是產品要品質夠好。在「臥龍鳳雛」的案例當中，諸葛亮和龐統也確實有真才實學，才不至於讓口碑變臭。

同樣的方式，可以用到我們現在的口碑行銷當中。現在的傳播方式、傳播內容以及傳播的維度比三國的時候複雜太多，做好一場口碑行銷難度呈級數增加。現在，口碑傳播更多的是作為一種基礎性的行銷手段，無論如何都要做好口碑，哪怕只是慢慢地傳播。

5 策略規劃

策略，簡單地講，就是選擇要做什麼、不做什麼。如果要加一定限制的話，策略就是在企業發展的每一個階段，都要清楚選擇做什麼、不做什麼。緊接著，策略還要明確如何從企業一個階段發展到另一個階段。再進一步，策略要掌控從一個階段向另一個階段發展的時間節奏，從而讓整體達到一種最優化。

策略，是一種選擇的藝術，也是一種節奏的藝術。

之1 什麼時候調整專案方向

什麼時候調整專案方向這個話題，其本質就是堅持與放棄的問題，想要嘗試去回答這樣一個問題：一個創業專案，究竟什麼情況下要堅持下去，什麼情況下要果斷放棄？

要注意，該問題的問題點是要不要堅持某一個創業專案，而不是針對要不要堅持創業。這個問題有個哲學式的回答：該堅持下去的時候堅持，該放棄的時候果斷放棄。

1．創業主流觀念是要堅持

創業的主流觀念是對於自己創業的堅持，所謂「剩者為王」，又說「偉大都靠熬出來」，甚至有創業社群還寫了一首叫《堅持》的社群主打歌。

多數的創業「大大」做創業分享時，都會強調堅持的重要，都說創業一定要堅持。

創業確實需要堅持。任何事情想要做成，都不可能是一帆風順的，過程當中都可能遇到困難，都需要不斷累積，累積到一定程度，才能看到勝利的曙光。

就好像長跑一樣，幾千公尺長跑的過程中，身體會勞累、會疼痛，內心就會經常閃過暫停或者放棄的念頭，尤其是在最後幾百公尺的時候放棄的想法更加強烈。而這中間任何時候，一旦放棄，整個長跑也就失敗了。在想要放棄的時候，咬牙堅持一下，也就過去了。跑步的人也都知道，在跑步的時候，會有一段時間身體特別累，內心特別想要放棄，而堅持過這段時間，身體的勞累就會慢慢減輕或消失，就能體會到長跑的樂趣了。

創業這種複雜的事情，與長跑相比，要面對的困難更多，有身體上的勞累，有心靈上的折磨，等等。創業持續的時間，也要比長跑時間長得多，想要放棄的念頭也會比長跑的念頭強烈得多。在創業當中，只要有任何一次在想要放棄的時候放棄了，創業也就失敗了。創業中，堅持未必成功，但是放棄一定會失敗。堅持很難，放棄很容易，一個理由就夠了。

2．該轉型時要轉型

有個創業的朋友，原來做的是為商會做技術服務的創業專案，搗鼓了有一兩年，不管怎麼嘗試，業務一直都沒有做起來。他們創業團隊堅持得很痛苦，看不清未來的方向，也不知道該不該堅持下去。

2016 年年初，他們選擇了調整專案方向，利用手中累積的商業「大佬」的資源，踩著行動直播的風口浪尖，開始做財經方面的直播，一下子就爆發了，成為明星專案。創業是需要「不撞南牆不回頭」的勇氣，但也可以不用撞南牆，該轉型的時候要轉型，尋找新的專案機會，也許是更好的選擇。

前兩年，有關創業專案是該堅持，還是要適時調整方向，在創業圈裡有過一次討論。多數創業者都認可創業要堅持到底、絕不放棄的，也有很多的案例證明不是一味地堅持而是選擇調整專案方向，對很多創業者而言是更好的選擇。

當年，最為著名的例子就是 FAB（美國閃購網站）了。FAB 一開始做的是同性戀的社群，雖然也算是不錯的方向，也做得有些起色，但始終做得很痛苦。後來 FAB 團隊轉型做閃購網站，很快就紅了起來，在很短的時間內，引發閃購的潮流，並獲得資本的青睞。

無論是我身邊朋友的案例，還是世界範圍內的創業圈子裡的案例，不一味堅持而選擇轉型，從而發展很好的創業，也是很多的。可以說，說創業要堅持，有它的道理，說創業要適時轉型，也是沒有錯的。那麼對創業者而言，創業究竟是要堅持，還是適時選擇轉型呢？

3．究竟該如何思考和判斷要不要轉型

堅持不一定是對的，轉型也不一定錯的。各種主流創業者、主流媒體都在說創業一定要堅持到底、決不放棄，但創業實踐中的很多真實案例也告訴我們，在創業專案方向不對或無法堅持下去時，果斷放棄，改弦易轍，會能獲得更好的發展。

既然堅持有堅持的道理，轉型有轉型的道理，那麼究竟是要堅持，還是要調整專案方向呢？我們從各個角度看一下。

首先，從創業的時間和發展階段來看，當我們分別在創業初期、中期、後期等遇到了困難時，我們要不要調整方向呢？

在專案初期，如果遇到創業的難關，比如團隊沒有足夠的資源做專案，沒有勝任的人力做專案，專案做起來團隊感覺很痛苦，那不妨去調整方向，嘗試其他的專案，去尋找團隊有資源、有人力能做而且又樂意去做的事情。一時找不到怎麼辦？繼續找，不斷地嘗試，最終肯定能找到適合團隊的專案。

在如何尋找專案那一章節中，我們提到尋找專案時，首先要用蒼蠅模式，亂撞一通，撞著撞著，就能找到一個方向出來。等選定了以後，就要切換成蜜蜂模式，專注於選定的專案方向。

創業初期選定專案方向之後，專案中期、專案後期是不建議輕易再換方向的，也就是一定要堅定地堅持下去，要嘛成功，要嘛彈盡糧絕。

從這個角度講，創業成功來源於創業初期的放棄和中後期的堅持。創業就像挖井，方向沒錯就要堅持。

其次，從專案發展的狀態來看，在專案發展非常好、發展一般、發展很差等不同狀態時，應不應該調整專案呢？

一般情況下，專案發展狀態非常好以及還算可以的情況下，是沒有必要轉換專案方向的，這時候考慮的往往是怎麼發展得更好，以及在做好之後拓展更多的方向。拓展方向，一方面是為了獲取更多的收入來源；另一方面也為未來發展做準備。如果主營業務陷入困境，在不得不放棄的時候，還有備選的專案接替，企業的波動相對會小一些。

在專案發展很差時，就是典型的糾結時刻，到底要堅持，還是要放棄呢？這個時候，需要對於未來發展做個判斷，判斷當下困難是一時的還是長久的，判斷未來的發展是否有前景，團隊是否有資源、有資本繼續，能否讓團隊有信心面對選擇，不管是選擇堅持，還是選擇放棄。

這個時候的選擇，最核心的在於你和你的團隊內心的真正想法是怎樣的，選擇內心最真實的想法。

再看創業專案所處行業的狀態，初生行業、朝陽行業、夕陽行業，應不應該調整專案呢？這裡的答案也比較清楚，處於初生行業及朝陽行業的專案，只要有資本堅持下去就盡可能堅持下去。不過，初生行業的專案，需要注意的是要判斷行業是不是太早期，太早期的專案，稍有不慎，可能就變成先烈了。不妨邊走邊看，甚至在恰當的時候暫緩專案，等待行業的風潮來臨，也是不錯的選擇。

處在夕陽行業當中的專案，即使專案所占的市占率還在提升，但整個市場規模在縮減，市場逐步消亡，在這個行業中，一旦專案遇到困難，則一定要調整方向。即使是專案狀態還不錯，也要考慮尋找朝陽行業裡的專案作為後續的轉折點。當然，尋找的專案盡可能跟以前累積的資源以及團隊的能力相匹配。

回到最初的問題，一個創業專案，究竟什麼情況下要堅持下去，什麼情況下要果斷放棄？對於這個問題，沒有什麼標準答案，創業沒有什麼真理，創業中你選擇堅持或者放棄，都可能是正確的答案。

在創業過程中，你要隨時認清自己，認清團隊，不愚昧地堅持，也不要盲目放棄。

之2 戰術上的勤奮和策略上的懶惰

1．什麼是戰術上的勤奮和策略上的懶惰

有位技術出身的朋友創業，創業專案經營一段時間後，這位朋友忙得不亦樂乎。在公司裡，他幾乎什麼事情都管，甚至管到最細節的地方，比如代碼格式之類的。在整個公司裡，他是看起來最為勤勞、最為辛苦的一個，幾乎沒有什麼個人時間，隨時隨地都在寫代碼、優化產品。

雖然他整天很忙碌，為了公司投入了大量的心血，但是公司的業務並沒有太大的增長，團隊也沒有形成戰鬥力，公司整體的發展算不上好。公司團隊中的很多人，甚至覺得在公司裡沒有學到太多的東西，有段時間離職率很高。因為人員的流失，給公司的發展帶來很大的波動。

這位朋友在創業中的表現，就是典型的戰術上的勤奮，擅長執行，有很強的執行能力，可以把事情做到最細節的地方。

我們在跟他交流的時候，跟他聊他的公司的策略規劃，例如公司的目標、公司的產品策

略、業務策略、品牌策略等，結果發現他並沒有想清楚，公司甚至都沒有確定的企業 VI，也沒有公司產品的品牌發展策略。直到目前，公司的發展還屬於走一步看一步的狀態。我們問這位朋友為何如此，他回答說，現在有一堆要交付給客戶的功能，根本沒有時間細想。他有大致的概念，比如想過公司要成為什麼樣子，想著要做一個品牌，想著大致要怎麼做業務。只不過，現在沒有什麼人能做這些事情，就沒有深入思考，他也覺得沒有必要深入思考，只要找到能處理這些事情的很厲害的人物，這些事情自然就可以解決了。

這位朋友非常明顯地陷入了戰術上的勤奮和策略上的懶惰當中。所謂戰術上的勤奮，就是在戰術執行層面非常勤奮，陷入具體執行的細節當中。所謂策略上的懶惰，就是對策略上的問題，比如發展規劃、產品規劃、業務規劃、團隊建設等不去想，或者不深入去想，只有個簡單的直觀想法就當作策略思考了。很多技術出身的創業者，都存在這樣的問題。

小米的雷軍，最早在金山做技術，是技術方面的「大咖」，做技術、做產品是一把好手，能夠關注到最細小的細節。從做技術、做產品角度講，這無可厚非，甚至可以講，這就是現在人們所推崇的「匠心精神」。但是，作為企業的管理者、掌控者，還把大量的時間糾結於具體技術細節，就有些得不償失了。他在金山做副總、總裁的時候，一直做得不是很順，大概就有這方面的原因。

雷軍從金山出來後，開始做投資人。投資人的視角和創業者的視角是不一樣的，投資人做的事情跟具體執行人更是完全不同，投資人從更加宏觀、策略和整體的角度去看一個專案。在做投資的過程中，雷軍逐步從原來的關注技術細節走出來，從行業趨勢、團隊策略角度去看問題，把投資的生意做得有聲有色。

後來，雷軍把握網路及手機行業的趨勢，創建了小米，一時間風生水起。小米做了很多網路行銷方面的創新，提出參與感，被各種網路公司所擁躉。雷軍發明的「風口理論」，也是創投界人士張口閉口掛在嘴邊的真理。在小米創建的時候，他說出了「你不要用戰術上的勤奮，掩蓋策略上的懶惰」這樣的名言，也成為很多創業者用於自我反省的參考。但是，隨著小米的發展，雷軍又慢慢地回到了金山時期的他，專注於具體產品細節、經營的細節，據說他是小米公司公認的勞模。對於整體策略層面的思考缺失，讓小米慢慢地淪為一個普通公司，在2016年年初，小米手機被華為手機所超越。

一個人提出什麼東西，這往往是他所缺少的東西。你看，這樣的事情是不是很有意思？我親身的感受也是如此，很多原來我不擅長的事情，後來慢慢地變得擅長了，然後自己提出來針對這些事情的看法，再後來發現自己在這個問題上依然不過關。

2．企業掌控者為何會陷入「戰術上勤奮、策略上懶惰」的泥潭中

那麼，為何很多公司的創始人、掌控者會陷入「戰術上勤奮、策略上懶惰」當中呢？

我認為，原因有幾個。

(1) 戰術上的勤奮，更容易讓人看到一個人的付出；策略上的勤奮則不是這樣。

我們都說，在團隊裡，團隊的領導者要以身作則。團隊的領導者要想讓團隊成員勤奮和付出，就要自己表現出足夠的勤奮和付出。很多創業者就是這麼理解的，也是這麼做的。他們選擇整天忙碌去做具體的事情，這個是人們最容易看到的、真實的忙碌。

相反，策略上的勤奮是很難讓人看到的。

首先，人們對於策略的理解是有錯誤的，覺得所謂的策略，不就是決定要做什麼、不做什麼嗎？這是很輕鬆容易的事情。很多人以為做個領導者沒什麼技術可言，是很輕鬆容易的事情。但真正做到了領導者的位置上，開始要做策略決策，就會發現根本不是那麼回事。

其次，在策略上做規劃，是一個深度思考的過程，把公司發展方方面面的事情都成體系地想清楚，而不是具體做什麼事情。做這件事情的時候，看起來就像是在那裡呆坐著，或者偶爾寫寫畫畫，寫寫畫畫的東西還不是什麼具體的成果。這難免會給人感覺在偷奸耍滑，沒有做什麼事情。

從這個角度來說，很多創業者如果心中沒有強烈的自信的話，害怕員工覺得領導什麼都不幹，害怕他們有樣學樣，就會選擇去做具體的事情以彰顯自己的忙碌。

(2)多數人很清楚戰術上的勤奮該怎樣做，而不清楚策略上的勤奮該怎樣做。

戰術上的勤奮，就是執行戰術安排，去做具體的事情。人人都知道該怎麼在做事情上勤奮，人人也都清楚怎麼在戰術上勤奮，甚至多數的人都很清楚怎麼讓自己看起來更加忙碌，透過忙碌來彰顯價值。

而策略上的勤奮應該怎麼做呢？策略上的勤奮，就是各種上下求索，去尋找和驗證一條發展壯大的路。企業的掌控者，要透過深度思考，思考清楚策略方向的正確性，思考策略方向到戰術執行的拆解細分，甚至到具體戰術執行的結果反饋，以此對策略作調整。透過這麼一個過程，去建構一個商業的宏觀到微觀的邏輯體系。這個邏輯體系清楚，這門生意才會清楚怎麼去做。

很多創業者或企業的掌控者，不清楚策略規劃如何去做，不清楚如何思考和驗證策略的正確性，不清楚如何做策略方向到戰術執行的拆解，不清楚如何建構整個策略邏輯體系。在他們想不清楚的時候，他們就會鑽進具體事務的執行當中，害怕處於一種思考的混亂狀態中，害怕讓自己待在一種空白的狀態中，害怕顯示出在這個方向上的無能，於是就透過具體的戰術執行來掩蓋。

(3)戰術上的勤奮容易做到，策略上的勤奮需要付出更多的辛苦。

做具體的事情相對容易，事情是清楚的，事情怎麼做也是清楚的。即使不清楚，也可以找到清楚的人去請教，隨後就會清楚具體的事情怎麼做。剩下的，只要是去勤奮執行就好了，偶爾看看做得對不對。

但是，策略上的勤奮就不是那麼容易做的了。整個策略上的事情，多數是沒有太多可以參考的東西的，大家都不知道該怎麼做，也不知道怎麼做是對的。如果有人做過了，我們再去做，那就不是創業了，而是複製別人。別人在別人的狀況下這麼做是成功的，我們在我們的創業環境下，複製別人的策略，卻未必是成功的。策略方向的確定，需要決斷力，有一定的機率是對的，一定的機率是不對的，要邏輯上論證，要在實際執行中驗證與調整；策略規劃的方方面面，都要從無到有去研究、去規劃、去設計，這些需要投入的努力更大。

策略上的很多結果也不是輕易就能出來的。加上對某個策略問題進行研究和思考，你可能要花七天時間，才能在第七天想明白事情應該做成什麼樣子以及怎麼去做。在之前六天，你可能一直處在一種混亂狀態當中，這是很痛苦的事情。而且，在這六天裡，你自己投入了很多時間，但基本上是沒什麼收穫的，這就更加痛苦了。你要戰勝這些痛苦，走過混亂而空白的前六天，走到收穫的第七天，過程中經歷各種決斷，以及想像決斷錯誤所要承擔重大責任的恐懼等，這中間付出的辛苦可想而知。相比較而言，做具體的事情更加輕鬆一些。很多人就會選擇做具體的事情，而逃避沉重的策略思考和規劃。

3．策略思考至關重要，是創業者不可推卸的責任

創業者如果不能把一個問題想清楚，或者沒有把這個問題想清楚，就會期待有什麼牛人，有能力把這個事情搞定，找到這個人，把問題交給這個人就可以了。理想是豐滿的，現實總是骨感的。

身為創業者，對於企業發展中的一個策略問題，如果自己都沒有想清楚要把它解決成什麼樣子，以及它的解決方法、解決路徑，而希望有什麼空降的神兵去全面解決這個問題，是相當不現實以及不可靠的。一來對於這個問題了解最為全面的還是你們自己，不全面了解問題，很難給出一套徹底解決的方案；二來你都解決不了這個問題，別人能解決的話，你的價值何在呢？這個空降的神兵為何不直接去針對這個問題做自己的創業呢？

所以，創業者對於企業發展中的策略問題，要自己去思考，給出解決的方案和邏輯架構，這是創業者或團隊管理者不可推卸的責任。一旦推卸掉這個責任的話，那麼從權利的角度講，解決問題帶來的權利，也不應該是你的。長此以往，企業是不是你的，都很難說。

有關策略思考以及外支援的使用，最好的方式是，創業者把策略問題想得很清楚，知道要做成什麼樣子以及怎麼做的邏輯，但是具體執行自己做不了或者做不到，再去找能做這件事情的人，這樣才是更加可靠的方法。

創業者要找的是在能力方面強過自己的人，而不是在策略思考方面強過自己的人。後者要嘛已經是老闆，要嘛是在成為老闆的路上。你想要去用，也要好好地思量一下。

創業者在策略上的懶惰，還有另外一種表現，就是動則各種概念、模式。不僅跟外面的人去大聊什麼概念、模式，對於內部人員的工作安排也是如此，動則一個大概念扔出去，讓內部人員去處理，結果可想而知。這是創業者用所謂的概念來掩飾策略上的懶惰，策略層面的思考本身就包括如何把策略目標拆解成戰術執行的過程。張口閉口概念、模式，實際上只是浮於表面，沒有去思考策略規劃該怎麼去具體執行。

創業者，要少談些概念、模式，多深入地做策略思考，真正理解這些概念和模式，把這些拆解成具體的、可執行的任務，安排給合適的人去執行。這才是根本所在。

之3　企業規劃與時間節奏管理

企業策略規劃，是創業者必修課之一，是責無旁貸的工作。我們前面提到過企業規劃制定的路線，這裡再複述一遍。

(1) 設定企業的願景和長期目標。
(2) 長期企業目標，拆解成一個一個里程碑目標。
(3) 選擇可行的里程碑目標，串聯起來成為一條路線圖。
(4) 為路線圖上的每個里程碑節點評估所需的時間、資源等，就大致成為一個策略規劃。
(5) 選擇滿足企業時間限制、資源限制的最優的策略規劃，作為執行的策略規劃；同時選擇幾個次優的策略規劃，作為備選方案。

有了企業策略規劃，只是事情的開始，更重要的是把企業策略規劃落地執行。做不出來的企業策略規劃只是空想。落地執行成功的策略規劃，才是企業真正的策略規劃。

企業策略規劃的執行中，最為重要的是執行時間節奏管理，也就是說要把握企業的發展節奏。節奏這個事情很重要，很多時候，所有的事情你都沒有做錯，最後還是沒有把企業做起來，原因就在於做事情的時間節奏不對，這是最大的錯誤。

什麼是時間節奏呢？以個人的時間管理為例，每個人每天都有各自的時間節奏，也就是類似生物鐘的東西。人們在不同的時間做不同的事情會有最大的投入產出比。例如，有些人上午精神狀態好，適合做一些思考類的事情；下午精神狀態不好，適合做一些重複性的、機械性的事情；等等。企業發展，也要在最合適的時間做最合適的事情，這樣才能有最高的效率、最大的產出，這就是企業的時間節奏。

每個人都有自己的時間節奏，每家企業也都有自己的時間節奏。一個人要模仿別人一天的生活會很辛苦，也沒有什麼效率。企業也是一樣，對企業而言，找準自己的方向，按照自己的節奏去發展，這才是最為重要的。

企業發展的時間節奏，包括幾個方面的節奏管理。

1．融資的時間節奏管理

融資的大致階段包括：種子、天使、創業投資、私人股權投資（Private Equity，PE）、首次公開發行（IPO）等。在前面的文章中我們提到創業的各個階段，每個階段對應不同的融資階段。這些融資階段，各個企業大致都是要經歷的，只不過經歷時間長短各有不同，順序是類似的。所以，作為創業者，要清楚創業所要經歷的發展階段，掌控好每個階段的時間長度和發展節奏，根據需要進行階段性的融資。

融資的時候，也要平衡融資金額和融資時間節奏的問題。我見過很多企業，為了謀求高融資額、高估價，讓融資的週期變長，影響到企業發展的節奏，這有些得不償失。很多時候，企業發展速度的重要性，要遠遠大過一時的估價。在拿到下一階段所需要的錢的前提下，盡可能快地進行融資。

2．產品開發的時間節奏管理

產品開發也是有一系列的階段的，也是跟企業發展階段可以匹配對應的。產品是企業的核心和基礎，產品開發的時間節奏，直接影響到了企業發展的節奏。所以，也要在了解產品開發階段的基礎上，結合企業發展規劃，確定產品開發的時間節奏。

在恰當的時間裡，拿出恰當的產品，不要過於粗糙，也不能過於精細。過於粗糙，不能滿足市場需要，帶給市場一個差的口碑；過於精細，耗費太多的時間，耗費太多的成本，影響企業整體的發展。

3．市場推廣的時間節奏管理

市場推廣，是在產品、資金、人員等各方面資源都準備好的前提下進行的，跟企業的其他各方面是相輔相成的，不能太早，也不能太晚；不能太快，也不能太慢。節奏控制不好，企業相互配合的鏈條當中就會出現銜接的縫隙，稍有不慎就會產生影響公司整體發展的問題。所謂「千里之堤，潰於蟻穴」，同樣也適用於企業發展當中。

4．團隊建設的時間節奏管理

很多的創業者覺得，在有錢的情況下，團隊越大越好、人員越多越好，這樣企業才看起來是發展壯大的，是有實力的，是成功的。實際未必如此，我們看instagram被10億美元收購時，只有13名員工；WhatsApp被190億美元收購時，也只有50多名員工。公司實力強弱跟團隊大小、人數多少沒有直接的關係，而是跟團隊的戰鬥力、每個團隊人員的能力相關的。公司發展過程中，不是人越多越好，而是需要合適數量的人，甚至在支撐公司發展的前提下，需要的人越少越好。

所以，企業在發展過程中，要控制好團隊規模發展的節奏，不要一味地擴充團隊。根據不同的發展階段，建立合適規模的團隊。要建立一個高效能、高生產率的團隊，而不是大規模的團隊。

從上面企業發展的幾個主要方面看，其實公司的各方面可以說是一回事，相互之間有千絲萬縷的關聯，是相輔相成的。每個方面的節奏，都需要跟其他方面的節奏相配合，從而形成整體的發展節奏。反過來，整體發展的節奏規劃，又會影響到實際各方面的發展節奏。

所以，一家企業，是從規劃到執行、執行到規劃之間循環往復的過程，在這樣的循環往復過程中，企業螺旋上升。雖然都是螺旋，有些企業旋轉得快，上升得快；有些企業，旋轉得慢，上升得也慢。

6 資金與融資

在創業成功的所有因素裡，資金因素重要性相對比較低。而在創業失敗的所有因素裡，資金因素則往往占據很大的比重。

所有的企業失敗，最終都失敗於資金，失敗於現金流的斷裂。試想，不管其他什麼因素影響，公司再爛，只要還有資金堅持下去，以如今創業者的「堅韌」性，多數還是會堅持下去的。選擇關閉公司的，只有一個原因，就是資金實在不足以維持企業的生存。

創業者要時刻關注企業的資金狀況，透過業務提升、融資等方式維護企業健康的現金流。對企業而言，怎麼重視現金流都是不過分的。

之1 現金流怎麼重視都不過分

現金流是什麼？所謂現金流，就是企業在某一特定期間內現金及現金等價物的流入和流出，說白一點，就是

「金錢」的流入和流出。

流入的現金，可以是營收，可以是借債，也可以是融資，只要有錢入公司的帳戶就是了；流出的現金，去向就五花八門了，不管去哪裡，只要帳面上的錢出去了，帳面上的錢減少了，當然前提是公司帳面上有錢可以出去。

在商業當中，一直有「現金為王」的說法。原本在公司上班的時候，我對於所謂的現金和現金流並沒有什麼感受，自己當家做主創業的時候，才體會到現金哪裡是王啊，現金簡直就是空氣和水，時時刻刻都需要，簡直就是企業的生命線。

有個機構對新創企業失敗原因進行統計，排在第一的失敗原因是沒有真實的市場需求，排在第二的就是沒有很好的現金流。對創業者而言，不管處於什麼階段，一定要關注並重視公司的現金流。一旦你的現金流斷裂，不管你的企業有多大規模，業務如何快速發展，未來預期怎樣值錢，但你這個月發不出薪水，你面臨的將是員工對於公司信心的喪失，人員的離散，業務的停滯，稍有不慎，企業就會分崩離析。

我的生鮮電商專案，最終也是因為現金流斷裂不得不暫停。專案運行中，原本有一定的資金能保證公司運轉一段時間。這段時間裡，農場運作資金周轉不開，於是找公司借資。農場本就是我們這個專案鏈條中很重要的一環，再加上農場保證在幾週之後就歸還這筆資金，考慮再三，我們最終同意借資給農場。結果這筆資金過了6個月也沒有還回來。雖然跟農場有各種合約，公司也站在理上，但是沒有現金發薪水，沒有現金運轉業務，只能把公司暫停了。

在這個專案上，我有太多的痛苦經歷，也算是在現金觀念上得到了極大的教訓。對這段慘痛的經歷和教訓做總結，我深深地認識到，創業者永遠不要忽視你的現金流，甚至不要在現金上冒險。

(1) 隨時清楚企業帳戶裡有多少現金，隨時清楚帳面上的現金能用多長時間。
(2) 企業帳戶上的現金，至少要保持六個月企業正常發展所需。
(3) 算出資金消耗率，例如每月的資金消耗，盡可能將資金消耗率降到最低。
(4) 沒有進帳的現金，都不是現金，也不要對現金的入帳做任何預期，因為隨時可能出現意外。面對現金流，永遠做一個保守者。
(5) 盡量獲取客戶的預付款和訂金，可以盡可能早地獲取現金，就盡可能早地獲取。
(6) 盡可能節省現金的支出，嘗試用非現金支出的方式去支付，例如股權或期權、資源置換、策略合作等。
(7) 找到盡可能多的現金流入來源，可以是做營收，可以是找投資，等等，需要現金的時候，隨時可以找到現金流入。

現金流怎麼重視都不過分，創業者在企業經營的過程中，一定要努力地打造健康的現金流。所謂健康的現金流，無非是開源節流。開源就是獲取更多的現金的流入，節流就是盡量減少現金的流出。現金的流入流出之間，在企業帳號做積存的量，就是企業能夠真實掌控的現金量，是企業的命脈所在。

現金流的流出節流，各家企業各有不同，大致就是兩個方面：首先是要控制流出的條目的數量，盡量把錢用在刀口上，做最核心、最關鍵的事情；其次是現金的使用要精益化，現金的管理要精細化，總之要做到最小投入最大產出，節省成本。

現金流的流入開源，各家企業也大致上是兩個途徑：

一是做好業務，透過銷售，獲取現金流，如果銷售流入的現金流比企業各種流出的現金流大的話，企業就處於盈利的狀態，這往往是很多企業的目標所在；

二是尋求融資，不管是債權融資，還是股權融資，透過付出一定的代價，獲取外部資金的流入，以補足企業現金量。

對初創企業而言，想要產生銷售帶來現金的流入很難，想要銷售收入帶來的現金流流入大於現金流出就更加困難。所以，很多初創的企業，為了保證健康的現金流，融資是必然的選擇。

之2 在公司最好的時候去融資

企業永遠處於缺錢的狀態，即使已經盈利，跟企業想做的事情所需要的資金相比，多大的盈利往往都是不夠的。我們看到，不管是初創的企業，還是已經成熟上市的企業，都隨時處於各種融資的狀態。

現金流為王，初創企業自身不能產生較大的現金流入，想要開展更多、更大的業務經營，需要進行各種形式的融資。

我們前面在創業專案啟動的時候，討論過如何進行初始的融資。我們也討論過，新創企業發展要經歷不同的階段，會對應不同階段的融資。在討論策略規劃的時候，我們還討論過要對融資的時間節奏進行管理。已經討論過很多關於融資的話題，不管什麼階段，大致的融資途徑以及融資的方式都是差不多的。接下來，我們再從現金流的角度，去看什麼時候融資，去哪裡融資，以及怎麼融資。

現金流是企業的命脈，創業者要時刻緊盯現金流，在企業發展規劃的時間節奏之下，清楚企業融資的時間節奏，做好企業融資的計劃，在需要融資的時候，在合適的時間融資。

1. 在需要融資的時候融資

拿別人的錢，總是要付出代價的。給出一部分股權，未來少掙的一份利潤，是最直觀的一方面。讓出去的股權，還意味著對於公司的掌控權。很多投資機構把錢投進新創公司，在獲得股權的同時，還會提出一系列的管控要求，甚至在企業經營中還會對企業的決策做出影響。我們看到很多企業在做成之後會發生企業掌控權爭奪戰，多數都與外部投資有關係。

雖然外部投資除了錢之外，還可能帶來一系列的資源，給企業的發展帶來很大的好處，但它所帶來的風險，也是不容忽視的。新創企業在考慮融資的時候，一定要慎重，自身的現金足夠，沒有必要融資的時候，就不要輕易開啟融資。當然，評估之後，需要外部資金、外部資源的情況下，該放心大膽地融資就要放心大膽地融資。

2．在合適的時間去融資

首先，融資要有自身的時間節奏，這個時間節奏，跟企業各方面的發展節奏相配合。企業是一個整體，各方面相互關聯，甚至是一回事。

其次，要考慮自身現金的狀況，確保現金能夠滿足六個月以上企業經營所需，接近這個臨界點之前，就要開啟融資的進程。

最後，要對融資的週期做出預期，現在各種融資的流程越來越長，融資的週期也變長。正常情況下，開始啟動融資後，跟各投資機構洽談，就需要三四個月才可能找到有投資意向的投資機構。投資機構的資金就位，也要走一系列流程，快則需要兩三個月，慢則半年也是常有的事情。

在考慮融資的時候，要把這些時間考慮進去，在最為合適的時間啟動融資。

3．融資的時間節奏比融資的金額、企業估值更重要

一位朋友的新創公司預期要融資八百萬元，估價五千萬元左右。用這個價格跟很多投資機構聊，都沒有投資機構願意投資。這期間有投資機構願意給五百萬元投資，企業做四千萬元的估值，這位朋友不同意。折騰了幾個月，這位朋友的企業一直未能融到資，企業的現金壓力越來越大，不得已只能放慢了業務推廣的速度，企業整體的發展速度被拖慢，得不償失。

從現金流的角度，能拿到公司需要的錢是最根本的。拿到公司所需要的錢，快速地發展業務，讓公司把握住時間節奏，占領先發優勢，這是最重要的事情。至於估值有多少，並不是那麼重要的事情，只要控制好融資所付出的成本即可。

4．在公司最好的時候去融資

出差的時候，經常會聽馬雲老師的演講，在哪裡演講呢？機場各大書店的電視螢幕上。

有幾次聽到馬雲老師在演講中談創業融資，說公司融資的最恰當的時機是在公司狀態最好的時候。他舉了一個例子，就是屋頂漏水的話，修屋頂最好的時候，是在晴天的時候，而不是在下雨已經開始漏雨的時候。這話是真理。

要融資，最好是在公司發展狀態最好、最值錢的時候。投資從來都不是雪中送炭，而是錦上添花。當公司狀態最好、最值錢的時候，雖然說投資方拿到的股權可能最少，付出的資金可能是最多的，但是對他們而言，這樣的公司看起來是風險比較小的公司。公司因為發展狀態好、因為值錢，預期未來會更好、更值錢，所以有很多投資方會關注、參與投資，公司就有資格挑挑揀揀、討價還價。

在公司最好的時候去融資，公司可以用最小的代價，獲得最大的收益。一定不要做的事情是在公司缺錢時才去融資。雪中送炭的人不多，落井下石的大有人在。

之3　去哪裡融資以及如何融資

創業者要時刻關注公司的現金流，也要時刻準備好在需要的時候、合適的時候、最好的時候去融資。融資也是公司要時刻關注的事情。

在前面有關融資的章節中，討論了很多關於融資的內容，包括如何製作BP、如何尋找投資人、跟投資人溝通時要注意的事項等。這些討論多是圍繞融資主要途徑之一的財務投資機構，當然融資還有其他的一些途徑。

1．財務投資

我們常見的主流投資機構多數是財務投資，也就是我們經常找的天使投資、創業投資或私人股權等。這些投資機構的主營業務就是投資，他們主要從財務盈利的角度去投資專案，投資就是為了將來退出時賺錢。他們提供的資源往往也主要是資本，以及他們可能擁有的幫助企業發展的其他資源。

財務投資在創業的各個階段都可以進行，相對而言中後期尋找財務投資會比較好一些。

2．策略投資

策略投資多是從投資企業本身的策略出發做出的策略投資。投資企業可能自身就是某個行業裡的企業，他們從建構他們完整的業務鏈條出發，投資那些與他們現有業務相關的、互補的企業。投資企業也可能是純粹的投資機構，但是投資機構透過投資的方式，建構了某個產業的生態系統，他們投資可以納入到這個生態系統的公司。

在創業的前期階段選擇策略投資會比較好，因為這個階段新創企業需要的不僅僅是錢，還有各種各樣的業務發展所需的資源。

3．股權募資和產品募資

募資是這些年出現的一種融資模式，有兩種募資模式，一種是產品募資，另一種是股權募資。

產品募資，有點像產品的預售或者團購，以一定的形式，提前把產品銷售給使用者，獲取到資金，再拿這些募集到的資金去生產產品，把產品交付給使用者。

股權募資，就是像有投資能力的自然人進行募集資金，募集資金的代價是給予公司的股權。大致上跟財務投資類似，不同的是股權募資一般參與投資的自然人數量比較多，每個投資人獲取的股權很小，需要投入的資金也很少。

募資常常用於新創企業的初期，尤其是啟動階段。比如進行初期的產品生產，用產品募資的方式募集產品生產需要的生產資金；創業初期，透過股權募資的方式，募集一定的專案啟動資金；等等。

每種資金募集的通路各有利弊，沒有什麼好壞之分，只有合適與否的區別。融資時，選擇最適合公司發展的融資通路即可。當然，有很多公司在融資時，對於所謂的投資通路是沒得選的，能有機會獲得資金就很不錯了。即便如此，也要考慮清楚其中的利弊，不要為公司以後的發展埋下隱患。

創業就是一個累積的過程，融資的過程也是如此。企業發展過程中，會經歷多個融資的階段，反覆進行多次融資，再加上融資的週期相對較長，可以說是持續在公司發展的過程當中。所以，在公司發展中，要把融資當作一項常規的事情來做，平常就要注意累積投融資的資源，以及定期與投資人溝通，以便在需要時，隨時可以找到合適的投資人，拿到合適的錢。

1）累積投融資資源

我原本也沒有什麼投融資的資源，不知道什麼投資機構，也不認識什麼投資人。但經過一輪融資，就累積不少的投資人資源，知道去哪裡找投資人，也有些投資人的聯繫方式。所以，後來有朋友的企業再去融資的時候，就會找到我，為他們介紹投融資的資源。我也樂於牽線搭橋，創業者想找到合適的投資人，投資人也想要找到可靠的專案，對雙方而言，這是一個雙贏的事情，何樂而不為呢？

我做了一個投融資的資料庫，只限於個人使用。這個資料庫記錄了我所接觸到的所有投資人的相關訊息，包括他們的聯繫方式，與他們的溝通記錄，對他們投資方向研究的記錄，等等。每有更新的訊息，我都會添加進去。我用這種方式，慢慢地累積投融資的資源，用於以後投融資需要。

我想每一個創業者都要對投融資的資源進行累積，甚至不僅僅是投融資，其他的相關資源也要去做累積。企業的發展過程，本身就是個資源累積的過程。

2）定期與投資人溝通

有個創業前輩，十多年前就做一個不算很好做的行業，如今已經做到了行業的領先者的位置。在他的創業過程中，反覆進行了多輪次的融資，每次的融資也都不是順風順水的，因此他號稱在他手機上有上千個投資人的電話，這是他在一次次融資過程中累積出來的投融資資源。

到這裡還只是這個故事的前半部分，這位創業前輩跟我們分享他如何確保每一次都可以拿到融資。他基本上每週都會約一個投資人吃飯、聊天，近年來從不間斷。用這種方式，他保持著與投資人的持續互動，了解投資行業的動態，了解投資人對他專案的看法，他隨時根據業界發展動態、投資人的看法，修正自己公司的發展策略。這樣的專案，受到投資人的青睞自然在情理之中。

身為創業者，我們要跟這位創業前輩學習，不要一門心思地只顧著自家公司的事情，還要抽出時間，跟投資人持續互動溝通。在混臉熟、建立信任的同時，也能獲取投資風向的訊息，可以在第一時間調整自己創業專案形態，讓創業專案處於讓投資人持續感興趣的形態。

當然，對於企業而言，獲得投資其實不是必需的。我們看到很多的企業，可以自我造血，能夠自己產生很好的現金流，一開始就能獲得很好的盈利，對於這些公司而言他們就沒有任何融資的需求。即使對有融資需求的公司，創業者也不要把工作重心放在融資上，不要為了討好投資者而改變自己的專案形態。所有的公司最為根本的是使用者需求和產品。把目光盯緊使用者，生產出好產品，充分滿足使用者的需求，這是企業基業常青之道。

7 資源整合

公司的本質是整合所有能整合的資源，包括人、財、物等，以實現公司的經營目標。所以，作為公司的經營者，最為重要的工作之一就是整合資源，了解公司都有哪些資源，明確公司能整合哪些資源。在需要的時候，公司的經營者要能挺身而出，為公司站台，付出價值，交換價值。

之1　梳理公司的資源

公司的成就靠累積，公司的發展過程就是各種資源不斷累積的過程。在公司成長過程中，會遇到各種各樣的資源，公司需要對這些資源進行梳理和累積，根據企業需要，整合各種資源，使用各種資源，利用各種資源的幫助謀求公司的發展。

1．人脈資源的梳理

我的一個創業的朋友，有一個很好玩的做事習慣。每次在他的企業遇到什麼難以解決的問題時，他就開始翻查他整理出來的人脈資料庫，思索什麼人能夠幫他解決他所面對的難題。每次，他總能找到各種各樣的人幫忙，所有遇到的難題都能夠迎刃而解。

企業的事情就是人的事情，不管什麼問題，只要能找到合適的人，總能夠解決。但是，要讓人幫忙又不能太過勢利，臨時抱佛腳。沒人會喜歡過於勢利的人，沒人會為沒什麼太多交情的人做事情。人脈要在平時進行累積，平時進行梳理和維護，在需要時才能發揮作用。

我也學著那位創業的朋友，去梳理自己的人脈，建立自己的人脈資料庫。我使用心智圖工具去建立人脈資料庫，記錄接觸到的每個人的聯絡資訊、所做的事情、擁有的資源等，梳理各人之間的人脈關係，做規劃定期跟一些朋友互動溝通，並隨時記錄跟他們溝通的訊息。

這麼做不是耍心機，而是要對自己的人脈進行有條理的維護。記得有本書說，人脈都是設計出來的，我覺得很有道理。

2．合作資源的梳理

創業中，我加入了一個創業的社群，在這個社群裡認識了做不同行業、不同業務的各色創業者，一來看到了這個商業世界的豐富多彩，二來也看到了世上每個人都很厲害，都做著很厲害的事情。

我們所做的事情，往往是整個社會鏈條當中的一小部分，尤其是現在講什麼垂直化，甚至是重度垂直化。我們業務當中很多的事情，都需要跟其他公司進行合作。我們就需要對我們可以合作的資源進行累積和梳理。

我順便加入了那個創業社群的執委會，義務參與會員的管理，由此嘗試與所有接觸到的企業建立聯繫，嘗試進行合作。我在做生鮮電商專案時，我們定下來要從母嬰生鮮切入，找母嬰通路合作，其中好幾條合作途徑，就是在之前累積的合作資源中找到的。

跟人脈資源管理一樣，企業要建立各種內部、外部合作資源的資料庫，對合作資源進行累積和梳理，以備需要的時候，隨時可與之合作。

3．融資資源的梳理

在進行融資的時候，我結識了很多的投資人；在參與一些社群活動時，也認識了大量的投資人。還有，一些朋友給我介紹了一些投資機構和投資人。創業的幾年，不知不覺間，我累積了不少的投融資資源。原本對此並沒有太多的感觸，看到一位創業成功的創業前輩每週都跟投資人吃飯互動，他的企業在發展過程中總能順利拿到融資，我立刻知道了自己與他的差別，就是沒有對投融資資源進行累積和梳理。

我把之前隨意累積的投融資資源做了整理之後，不久就看到了這麼做的好處。一位朋友來北京尋找融資，找我給介紹。我很快就能找到一些對他專案相關領域感興趣的投資人，並給這位朋友做推薦。

如果平時不做整理，不了解每個投資人的投資方向，就很難很快給別人推薦。同樣的，對自己而言，如果平時不去累積、維護這些資源，等到自己需要的時候，就沒有資源可以使用、沒有資源可以幫助自己，這是件很慘的事情。

4．人才資源的梳理

創業當中，有非常多的機會跟各種公司的各種人接觸，比如參加一些社群，參與一些線上線下的活動，等等。在與各種人接觸過程中，既要累積自己的人脈、企業的人脈，也要進行人才資源的累積。

類似人脈累積的方式，對所有接觸的人，了解收集這些人的技能、專長等，建立聯繫和互動，比如加FB或者Line之類的，長期保持著接觸，說不定在以後某個時候，就可以把他們挖到自己的公司裡，為自己服務。即使不挖人，在未來也可以有機會做各種可能的合作。

作為創業者，手上如果能有幾個公司各職位的候選人，隨時可能挖人到需要的崗位上來，這樣的創業是很容易做成功的，因為企業所有的事情都是人的事情。

一家公司所需要的資源不限於以上這幾類主要的資源，不管什麼資源，作為企業的創始人或掌控者，從一開始就要有意識地對公司發展過程中逐步聚集的資源進行梳理和累積。雖然不梳理、不累積，該聚集來的資源還是越來越多地聚集而來，只是這種聚集處於一種無序、無組織的狀態，發揮的作用會很小。對資源進行梳理，讓無序、無組織變得有序、有組織的有條不紊，才能更大地發揮各種資源的作用。

公司的存在，本就是要把無序變有序，把不確定性變成盡可能的確定性，最大地發揮各種資源的價值，獲取最大的收益。

之2　CEO如何為公司站台

時代在發展，企業經營的方方面面也在發展。

早先，企業做宣傳推廣，常常會找形象代言人，比如請各種明星、各種運動員或各種專家。把這些公眾人物打造成自己企業的代言人，會顯得比較專業，能展示出企業的實力。

現在，企業代言人由傳統的那種明星代言人，轉變成為企業的創始人或CEO。這種變化，讓企業在人們心中的形象發生了重大的改變。一家公司，不再是一個專業的、冷冰冰的、與人們保持距離的形象，而是一個親民的、帥氣的、活生生的形象。這就是現在人們所講的品牌的人格化。一家公司、一個品牌，如同一個活人一樣，有他的性格，有他的觀點，有他的喜好。

網路時代、網紅時代，人們也越來越喜歡人性化、個性化的事物。人們對一家企業的認同，也在於對這家企業的性格和價值觀的認可。所以，企業代言人越來越多地由企業的創始人或 CEO 來擔任。原因也很簡單，一個團隊的創始人或掌控者，往往決定了這個團隊的性格特質。在某種程度上，初創企業的創始人的形象就等同於這家企業的形象。

當然，這樣也對企業的創始人或 CEO 提出了更高的要求，不只是做公司內部的管理，還要為公司站台，擔負起公司的形象代言的重任。這要求在顏值、外形、性格、口才等方面都有很好的表現，才可勝任代言人的工作。

那麼，企業創始人或 CEO 如何為公司站台呢？分為幾個方面。

1．創始人或 CEO 要打造與公司形像一致的個人形象

企業要先弄清楚企業自身想要表達出怎樣的形象，在打造企業想要表達的形象的同時，為企業站台的 CEO 也要打造與企業形像一致的個人形象，這樣才能順理成章地做代言，個人形象與企業形象發生衝突的話，往往是人們接受了企業創始人或 CEO 的形象，而掩蓋掉企業的形象，或者人們會對這家企業到底是什麼形象感到迷惑。

舉個例子，有些企業做專業工業領域的業務，它需要展示出嚴謹、專業的形象給客戶，那麼創始人或 CEO 展現出來的個人形象就要是正式的、嚴肅的。例如，以商務正裝的形象出

現，這與企業的形象就比較吻合；而如果是穿著嘻哈或嬉皮士風格的話，人們就沒辦法相信你的企業能提供嚴謹、專業的服務。

2．創始人或 CEO 要代表公司參與各種正式商務場合

不管是發布會，還是各種商務洽談，都需要創始人或 CEO 參與到其中。這些正式的商務場合，是在專業領域內建立企業形象的場所。一般在參與這些正式的商務場合時，需要創始人或 CEO 代表公司發表商務演講，或者進行商務洽談等，這需要創始人或 CEO 要有很好的演講能力和談判能力，需要創始人或 CEO 在台下就做好準備。

在多數的這些場合裡，需要的核心能力是表演能力。有些企業的創始人或者 CEO 不擅長在各種正式場合、非正式場合演講或表演，只能說要嘛是這個創始人或 CEO 自身不合格，要嘛就是他不該創業。

3．創始人或 CEO 要參加各種活動，為公司做 PR（公共關係）

在企業需要大量曝光時，創始人或 CEO 也要盡可能多地參加各種活動，在各種場合代表企業出現，盡可能多地出現在人們的視野當中，為公司做 PR。

公司的 PR 活動是一項很重要的事情。每一家企業都應該是媒體的中心，每家企業最大限度地讓最多的人知道自己在幹什麼，以此能夠影響到盡可能多的人，這樣才可能帶來最大的業務合作，否則就是企業資源的極大浪費。

很多企業把公司PR的事情交給特定的PR部門去做，且不說很多新創企業並沒有能力組建PR部門，即使有PR部門，能夠真正把企業形象傳遞出去並帶來影響的，還是作為企業形象代言的創始人或CEO。

4．創始人或CEO什麼情況下為企業站台

原則上，創始人或CEO只要有機會就應該為企業站台，隨時隨地隨便誰都可以做企業宣傳，這才是合格的形象代言人。

只是，創始人或CEO作為公司的管理者，本身的精力有限，而且其主要精力應該放在管理、產品和使用者上。所以，一般情況下，創始人或CEO花大精力為企業站台，往往是在市場全面推廣時期，需要為公司、產品打開知名度，這往往是這個階段企業發展的重中之重。

也就是說，企業創始人或CEO要做的事情，並不一定是什麼固定的、具體形式的工作，每個發展階段最為核心、最為重要的工作都該是企業創始人或CEO的職責所在。企業創始人或CEO要清楚每個階段自己的工作重心，為公司站台很重要，但不是什麼時候都要到處出去站台的。所以，有很多創業的朋友，在創業初始階段，就跑出去到處參加各種活動、做各種

PR，這是不對的。在創業初期，最應該關注的是公司的產品和使用者，把這些做好了，再站台也不遲。

企業創始人或CEO為企業做代言、為企業站台，其主要的目的是宣傳推廣自己的企業，推廣企業的產品、業務等。做這些宣傳推廣，是為了吸引客戶、尋找合作、獲取資金、累積資源等，可以說這也是一種資源整合的工作。資源整合，是企業創始人或CEO的本職工作之一。

之3　有付出才有回報

一個人的生存，與一家企業的生存在本質上沒有差別。

我們講一個人在社會當中生存，要透過自己創造的價值換取生存所需要的資源，有付出才能有所收穫。同樣，一家企業要在社會中生存，也要付出其價值，收穫它生存所需要的東西。

有員工覺得自己拿的薪水少了，找到我談升職加薪的事情。我直接問他：你覺得你應該拿多少錢？你憑什麼覺得你應該拿這麼多錢？我問這樣的問題，並不是想責難他，不想給他加薪水。

隨著團隊的壯大，團隊的管理者肯定無法完全清楚評估每一個人的工作成績，出現偏差很正常。但是，我們希望每個員工清楚，不要先想著具體能拿到多少錢，而是要先考量自己值多少錢。如果員工值六萬元，公司只支付給他三萬元，這是不合理的，不合理的事情不可能長久，要嘛是員工離開公司，要嘛是公司提升薪水。價值和價格最終會回歸到相匹配的合理位置上。

企業也是如此，企業的價值不在於能獲得什麼、能賺多少錢，而是能為社會付出多少，能產生怎樣的社會價值。企業賺到的錢，是對其付出價值的一個衡量。所以，企業在發展中，不要從錢的角度去做決策，這樣的決策往往目光短淺，也許可以賺到小錢，但是很難賺到大錢。

典型的案例之一是我之前提到過的我所在一家網路公司，他們做專案決策要看效益、看增量，沒有效益、沒有增量、賺不到錢的專案基本上都會被砍掉，結果他們錯過了行動網路的「船票」，只能透過收購、併購的方式買一張二手票。

馬雲老師在一個影片裡分享了阿里巴巴發展過程中的幾個關鍵選擇點，他說在這幾個關鍵選擇點，他們做的選擇基本上都是跟賺錢沒有關係的，而是看他們要做的事情的價值所在，後來的發展證明了他們當時選擇的正確性。

一家企業做決策的出發點應該是價值，企業發展中遵循的原則是價值交換，沒有只占便宜不吃虧的事情，也沒有只吃虧而不占便宜的事情。

從資源整合的角度，與其他的企業進行合作時，企業想獲得什麼樣的資源，自然就要付出自己所擁有的東西，進行價值交換，有付出才有回報。至於交換是不是等價交換，這很難說，價值是相對的，對一家企業有價值的資源，對另外一家企業也許價值很低或者沒有價值。但是，大家對於價值的評估是有一定準則的，價值交換即使不是完全等價的，也是在差不多的合理的位置上，不合理的東西不可能長久。

很多初創企業，往往不是這種價值交換的心態，比如喜歡免費的資源。天下沒有免費的午餐，所有免費的資源，最終要企業付出的成本也許要高於資源價值本身，這是一件得不償失的事情。所以，我們在創業當中，基本不用免費的資源，該付出多少成本就付出多少成本。

在人員招聘上，初創企業也容易丟掉價值交換的心態。我見過一家初創企業招聘人員，對應聘人員提了很高的要求，但是在給出的報酬方面卻相當苛刻。所以招聘了很長時間，也沒有招聘到合適的人。中間有面試透過也願意來公司的人，但是最終要嘛因為薪資不合理而主動離開，要嘛就是因為人不可靠做了很多不可靠的事情被公司辭掉了。

對於這樣公司的創始人，典型的心態是「既要馬兒跑，又要馬兒不吃草」。傳統時代，這種情況還可能出現，那時候工作機會緊缺，人們換工作的成本太高。現在，工作機會也極豐富，人們換工作如吃飯喝水一般容易，再想打壓人員薪資，基本上是不可能的了。公司想要獲得怎樣的人才，就要付出自己的東西，薪水、股權、期權等。

有付出才有回報，這是亘古不變的真理。不管是針對個人，還是針對一家企業，都是如此。因此，作為一家企業，要有企業該有的心態，創造價值，付出價值，交換價值，只要體現出自身的價值所在，只要企業值錢了，賺錢就是水到渠成的事情。

8 執行為王

一個創業金點子值多少錢？也許價值千萬，也許一文不值。值錢與否，在於能否把創業的想法做出來。

在腦袋裡、口頭上的創業想法，只是空想，猶如白雲飄在空中，「離錢萬里」。創業想法只有落地生根，「長」出產品，做出業務，才能體現出價值，也才能換得真金白銀。

在企業圈子裡，普遍強調執行力，有「執行為王」的說法，我們再一次強調也不過分。

之1　團隊效率管理

策略規劃再好，不能落實執行，那也只是空想。企業的發展，靠的不是空想，而是確實地把業績做出來，銷售出產品，獲取收入，獲得盈利。因此，策略規劃很重要，但是執行更重要，所以有「贏在執行力」的說法。企業中很多核心的業務，往往都不是想出來的，而是做出來的。

在企業發展中，現金流為王，執行力同樣為王。

在如今重度專業分化的時代，一個人想在一個專業領域內做到頂級都很難，更何況是掌握多個專業技能。現代企業都是團隊作戰，很少有人可以一個人做企業中所有的工作，因為需要不同的專業技能。因此，企業的執行力，體現在團隊的執行力上，一個具有執行力的團隊，是一個高效率的團隊。作為團隊的管理者，需要對團隊的效率進行管理。

如何對團隊效率進行管理，讓團隊具有高執行力、高效率呢？

1. 團隊領導者要目標明確、思路清晰

還是那句「兵熊熊一個，將熊熊一窩」，團隊領導者如果一塌糊塗的話，整個團隊很難強悍精幹。團隊成員可以執行力差一些、效率低一些，團隊的戰鬥力仍然可以很強；但是如果團隊領導者目標不清晰、思路混亂的話，整個團隊就容易處於混亂狀態，很難形成強悍的戰鬥力。

對一個專案，團隊領導者一定要目標明確，而且要堅定。目標模糊，且變來換去，很容易讓團隊成員無所適從，影響士氣是一方面，還可能造成團隊內部的混亂。另外，在目標明確的前提下，通往目標的路線圖也要清晰，這樣團隊所有的人都很清楚什麼時候做什麼，什麼情況下做什麼事情，團隊不會因為路線問題造成時間的浪費，從而有較高的執行力。

2．團隊成員分工明確，職責清晰，各司其職

目標明確、路線清晰，團隊成員清楚要做什麼以及怎麼做，接下來就是團隊成員要清楚自己具體做哪一部分工作，有怎樣的職責，大家各司其職，相互配合，合作無間，才可能執行起來有高效率。

一旦分工不明確，職責不清晰，可能有些人員職責重疊，一方面會產生重複工作，造成人力的浪費；另一方面會造成人員之間，可能因為工作成績爭奪產生衝突，或者是因為工作失誤而互相推卸責任，帶來內耗，降低效率。還可能有些工作被遺漏，後補這些工作，會造成團隊其他人員的等待，同樣會降低團隊的效率。

要做到團隊成員分工明確、職責清晰、各司其職，同樣需要團隊領導者把所有的事情想清楚，要在策略上勤奮，要設定明確的目標，梳理路線圖，根據團隊中不同人員的能力特色進行分工，清晰劃分出各人工作的邊界，剩下的就是讓團隊人員專注於各自負責的事情而不用多考慮其他，這才是最高效率的狀態。

3．團隊中每個人都要積極、主動

團隊中每個人都能發揮自己的主觀能動性，積極、主動地去工作，為各自的事情負責，就能很大程度上減少團隊管理的成本，以及因團隊管理所帶來的效率的消耗。

所謂的積極、主動，就是團隊成員不需要催促、不需要管理，主動地去做自己該做的事情，甚至是去做本不屬於自己職責範疇內的事情，並為自己做的事情承擔責任。這是一種很理想的狀態，要想做到這種狀態，需要團隊成員真心想做這件事情，願意為之付出。

想要團隊中每個人都要積極、主動，首先，要在組建團隊的時候做文章，招聘那些具有積極、主動屬性的人，當然這些人是對團隊做的事情感興趣的人；其次，從團隊的激勵上做文章，給予團隊成員足夠的激勵，讓他們能夠為了爭取這些激勵而積極、主動地做事情。

讓團隊每個人都能積極、主動地做事，最為關鍵的是能夠把事情變成每個人自己的事情，因為每個人都會為了自己的事情更加積極主動。有各種方法可以想，比如把每個人負責的事情當作分包一般，直接給到每個人，他們個人承擔事情的盈虧。

4．團隊溝通的透明順暢

溝通不暢，是很多團隊問題的根源。很多團隊成員的衝突，就是因為溝通不清楚、不順暢。溝通問題，還會大量浪費團隊的效率。

如何實現團隊溝通的透明順暢呢？首先，是建構把問題擺到檯面的溝通文化，大家有問題就提出來，有話就說出來，不要藏著掖著，到最後不得不說的時候爆發出來；其次，在平常狀態下，建立明確的溝通機制、建構暢通的溝通通路，讓大家有問題時知道怎麼去溝通、用什麼方式去溝通；最後，建構一些溝通原則，如有效溝通、隨時隨地溝通等，減少因為溝通帶來的團隊效率的浪費。

網路時代的創業，團隊執行效率越來越高，因為網路時代創業，愈發看不清楚未來，很難做長遠的規劃。創業所採用的方式是提出設想，快速試錯，快速換代，才可能找到正確的道路。要快速試錯、快速換代，就要有高效率的團隊執行力。企業的競爭力，在於速度，「天下武功，唯快不破」。而速度，就意味著高效率的執行力。

之2　好模式是做出來的，不是想出來的

建立高效率的團隊，其目的是更快、更好地做事情。在創業中，尤其是在網路方面的創業，執行的效率和速度是企業的核心競爭力之一，因為很多的事情都是做出來的，而不是想出來的。

首先，好的商業模式是做出來的，不是想出來的。

我們的生鮮專案，最開始想要做的是農場加線下餐飲的模式，這是個比較繁重的模式。我們按照這個模式執行的過程中，遇到了各種各樣的限制和問題，比如我們人力有限，不具備專業餐飲經營的人員，且我們的資金也無法支撐我們做太多的事情。為了突破這些限制，解決這

些問題，我們在執行的過程中，不斷地思索下一步的方向，以及未來的突破點，逐步調整我們的專案方向。

我們後來開始嘗試生鮮電商，做全市場的推廣和銷售。同樣，在這個過程中，我們又遇到了很多的問題和限制。業務進展不順利，我們又要去摸索突破方向，最後找到了母嬰的生鮮方向，業務才開始有所起色。再到後來，我們繼續調整業務模式，不斷優化業務模式，這時候的業務模式跟我們最初規劃的業務模式已經完全不一樣了，甚至我們一開始根本就沒有預見到我們會採用這麼一種模式去運作。

創業中，我認識了很多的創業者，也見識了很多的新創公司。這些公司只有很少的一部分現在做的模式跟創業之初確定的模式是差不多的，多數的公司業務模式，隨著業務的開展不斷地調整和優化，慢慢地變得面目全非了。

在一個活動上，有個投資人講了一個故事。很多創業者需要融資，找到這位投資人，投資人讓創業者講一下他們的商業模式，創業者不肯講，說是要保密，說出來之後就會被別人複製過去，投資人想聽也可以，確定投資之後創業者才會講出來。這弄得這位投資人哭笑不得，這位投資人說，他見到了那麼多的投資專案，沒有什麼創業專案的模式能讓他真心覺得是絕無僅有的原創，任何一個專案都能找到與它類似或相同的專案。而且他投的很多專案，到後來公司比較成熟時的模式，與起步時候的模式基本上是完全不同的，在創業的過程中，一步一步根據實際發展的各種約束進行調整和優化，這就是模式，這就是創業。

好的模式，不是想出來的，而是做出來的。即使是世界上最賺錢的公司之一的Google，他們最早也沒有想到用按點擊收費的廣告的方式賺錢，是他們在對搜索流量進行變現的過程中才發現這樣一個模式。他們的廣告系統都不是他們自己開發的，而是收購了其他公司的廣告系統，整合進他們自己的系統。

對於「好模式是做出來的，不是想出來的」這個觀點，創業者也很容易理解。沒有幾個人有能力在創業的一開始就能看到創業的結束，沒有人能看清從開始到結束的每條路徑，以及每條路徑上發生的所有的事情。每家企業在開始之後，所面臨的具體情況都是不一樣的，都是需要針對具體的情況去尋找解決方案的。因此，創業一旦開始，就走上了不斷摸索、不斷嘗試、不斷調整、不斷優化的道路，最後變成什麼樣子，誰也不知道。

所以說，世界上沒有完全相同的商業模式。每一家新創公司都是新的公司，做的業務也是新的業務，所用的商業模式自然是新的商業模式。

商業模式是做出來的，這是我現在對於商業模式的理解。

其次，市場壁壘（market barriers）也是做出來的，不是想出來的。

在過去一年的時間裡，我為了融資，前後面談了二十多個投資人。在跟這些投資人面談的時候，很多投資人都會問一個問題，那就是：「你的專案有什麼競爭優勢？有什麼商業壁壘呢？」接著可能會問：「如果某個網路龍頭抄襲你的專案的話，你怎麼辦？」說實話，這個問題常常問得我啞口無言。

競爭優勢，每個專案都可以總結一些出來。至於市場壁壘的話，我實在不知道我的專案有什麼壁壘。什麼是壁壘？簡單地說，就是你有那麼一個「東西」，這個「東西」讓你能做這件事情，而別人都不能做這件事情，就好像有堵牆，把別人都擋在外面，只有你一個人在牆裡面。

我的專案是處於天使階段的專案，還是早期的專案。這個階段，僅僅是有了初步的產品，驗證了商業模式的可行性，探索了市場推廣的可能。這個時候的專案，不會有什麼競爭壁壘，除非這個專案有絕對厲害的專利性的技術，別人都沒有掌握，只有你掌握了。問題是，這在網路領域內的商業當中，基本上不可能存在。任何一個初創的網路專案，別說是那些龍頭公司了，就是隨便一些有點錢、有點實力的公司，都能完全複製。但因此我們就不做這方面的創業了嗎？顯然不是。

這兩年來，人們都認為幾大網路龍頭瓜分了網路的天下，其他網路公司很難突圍成為網路龍頭。果真如此嗎？非也。我們也看到有些公司，就從所謂網路龍頭的夾縫當中成長起來，也隱隱有成為網路龍頭的趨勢。這些企業為何能夠成長起來呢？它們有絕對的壁壘嗎？也不是。它們尋找了一個垂直的領域，在垂直領域裡，它們有它們的比較優勢，而不是絕對優勢。這些比較優勢是那些網路龍頭看不上的、不願意做的，這些新興網路企業願意做這些髒活、累活，做著做著就累積出了別人做不了的壁壘。

對初創企業而言，能找到的不是什麼絕對壁壘，不是絕對優勢，而是相對優勢。在這些相對優勢方面，即使別人有能力做好，但是他們有做得更好的，相對在這一方面就不是那麼好了，這是我們相對優勢存在的價值，只要在這一塊做到更好，乃至做到最好，那就形成了絕對優勢，成為所謂的市場壁壘。

在後面投資人問我關於競爭優勢、市場壁壘的問題時，我這麼回答他們：我們有我們的比較競爭優勢，我們來找你投資，就是想找到足夠的錢，去建構我們的市場壁壘。市場壁壘不是想出來的，不是規劃出來的，而是做出來的。

不管投資人是否接受這個答案，這就是我對這個問題的看法。

之3 講功勞不講苦勞——公司靠功勞發展

執行本身很重要，我們要高效率地執行。但執行不是目的，執行出結果，執行出企業發展想要的結果是最為重要的事情。公司是靠著一個個工作成果的累積而發展的。

有段時間，我們公司調整員工的薪資。有個員工看到其他人的薪資都有增加，而他的薪資沒有變化，心理不平衡，就找我來溝通。

我跟他講：薪水的調整，是看你的工作成績的；你的工作成果，沒有達到公司制定的目標，與其他同事相比，你的工作成效也屬於比較差的。

這位員工說：但是我付出的時間比別人多啊，經常自己在週末加班，沒有功勞也有苦勞啊。

沒有功勞也有苦勞，這是我們經常說的一句話。即使我們沒有做出成績，也付出了很多，比如時間、辛苦等。問題在於，功勞和苦勞對於公司發展的意義是完全不同的。

功勞是實打實地做出工作成績，獲得工作成果，這些工作成果能帶來公司的發展。苦勞能帶來什麼呢？一般我們講苦勞的時候，往往意味著並沒有做出什麼成績，用苦勞為自己辯解，以獲取同情。從人情道義上，我們認可苦勞，確實也可能付出了很多的東西。但是從商業角度，所謂的苦勞完全沒有意義，認同苦勞還可能帶來負面影響。

比如上面講的那個員工，他認為他沒有功勞也有苦勞，他在週末加了很多班。這些我們從道義上講確實應該表示同情和認可，但是從公司角度我們沒辦法認可。假如我們認可所謂的苦勞的話，結果是什麼呢？大家看到公司認可苦勞，可以替代功勞，那麼那些能力比較差的員工，他們就會選擇耗時間的戰術，反正結果無所謂，只要有苦勞就夠了；而對於那些能力比較強的員工，他們會發現他們做出那麼多的功勞也沒有什麼用，與其他的有苦勞而無功勞的人一樣的待遇，結果是他們也不會去努力地做出成績，最後整個團隊就會變成大家都是在形式上耗時間，謀求苦勞而不是謀求功勞。

這種狀況實際上是存在的，而且不在少數。我當年做過一個專案，負責帶領一個小組做專案數據。專案當中就有一個人，整天沒有什麼產出，只是耗時間，反正在不求有功但求無過。每次有什麼事情要安排給他做時，他那邊的電腦就會出問題，要嘛就是系統壞了要重裝系統，要嘛就是 Office（辦公軟體）不能用了要重裝 Office。時間一久，就沒有人再安排工作給他了。這就代表著這個人沒有什麼價值了。

有些時候，確實有些員工能力上差一些，沒辦法在規定的時間裡產出成果。如果完全按照功勞去評估的話，是不是對這些人不公平呢？也許是如此，但這世上本來就沒有什麼絕對公平的事情。如果不能產出成果，即使不是故意耗時間謀苦勞，也意味著他不能勝任他的職位和工作，要嘛他去提升自己的能力以勝任工作，要嘛就是換到他能勝任的工作當中去。

所以，在我們的公司，我們只講功勞不講苦勞，我們以結果說話，甚至整個管理以結果導向的管理方式為主。我們不鼓勵耗時間，我們不鼓勵加班，我們把任務交給你，不管你怎麼去處理，只要在規定的時間裡給出一個質量還不錯的結果，這就夠了。對於那些講苦勞的員工，我們表示同情，可能偶爾會以個人身份給予一定的金錢獎勵，但是絕對不鼓勵。如果他不能接受這些，結果只能請他另謀高就。

對於講功勞與講苦勞的討論，不僅是我們一家公司有這樣的觀點。我在別的書中也看到了類似的論述。看來多數的企業都是如此看待功勞和苦勞的，說白了，商業有商業的邏輯，商業看的是利益產出，沒有產出就沒有價值，再多的苦勞也沒有用的。

9 創業與創新

創業分為從0到1的創新型創業，以及從1到N的複製型創業。

隨著商業環境的發展，以及複製技術的增長，在所有能夠複製的領域裡，都是一片片的「紅海」，各類企業在其中拚殺得昏天黑地、死傷遍地。為謀求新出路，從0到1的創新型創業，成為這商業環境發展的新趨勢。

創業，終究要做一些夢想中的東西，終究要做一些創新的東西，終究要有所不同，才能夠脫穎而出。

之1　創業要玩一點好玩的東西

我有朋友做餐飲方面的創業，專案做得還不錯。做餐飲的人都知道，餐廳做好了就等於印鈔機，有非常好的現金流，也有非常好的盈利。這位朋友的餐廳就處於這種狀態，幾家餐廳，每家店都是盈利狀態，鈔票源源不斷地收入這位朋友的囊中。

但是，這位朋友做這得並不是很開心。跟她交流時，我問她：餐廳做得這麼好，每年都能賺那麼多錢，有什麼不開心的呢？這位朋友說，她當初創業時，沒有其他創業專案可選，只好選擇做餐飲；現在雖然做得還不錯，也有錢賺，就是感覺做得沒有什麼滋味。

我問她：你覺得做什麼比較好玩呢？她回答說：大概做網路、電商一類的專案吧。

創業大致是這樣的，如果你做的不是你感興趣、想要做的事情，大致上都會覺得自己做的專案沒有什麼滋味，總覺得別的專案比較好玩。而一旦參與到別的專案當中，就會發現原來以為好玩的事情也沒那麼好玩了。

這位朋友因為各種原因，主要是個人的經驗以及資源的限制，想跨到網路行業裡來，並不是那麼容易。她自己也很清楚這一點，所以一直不敢放棄餐飲專案而轉做其他的創業專案，依舊痛苦地堅持著。

這兩年來，我遇到很多類似的創業者，要嘛創業做得很辛苦，每天糾結於堅持與放棄之間；要嘛創業做得還不錯，但總覺得事情很無聊，總是覺得隔壁的葡萄架上的葡萄更甜一些。這類創業者，多數是在全民創業時代，被創業大潮所吸引，為了創業而創業，或者為了賺錢而創業，就奮不顧身地跳進了創業的大海當中，之後才發現創業根本不是想像中的那麼美好，只是一失足成千古恨，再回首已是百年身。在回首之前，只能陷在創業的泥沼裡，進退兩難。

創業一定不要為了創業而創業，也不要僅僅為了賺錢而創業，一定要做一些自己感興趣的、覺得好玩的事情，玩著玩著就把事情做好了，站著就把錢賺了，這才是創業的完美的狀態。很多真正的創業者，他們的生活，往往在外人看來很單調無聊，但是他們因為做的是自己喜歡的事情，做的是自己覺得有意思的事情，因而樂在其中，不覺得枯燥乏味。

當然，創業要做的事情如果要好玩，就一定是有所創新的專案，有所創新才有所挑戰，才能引起人的興趣。如果是別人做過的，甚至是自己做得很熟的事情，創業就沒有什麼意思了。沒有創新，創業也只是一門生意而已。在討論創業和生意差別的時候，我們得出了一條公式：創業＝生意＋X因子。X因子就是創新的東西，就是自己認為好玩的東西。

但是，創業又不能為了創新而創新，畢竟創業不是純粹的玩樂，是要解決一定的社會問題的，是要付出成本和代價的。我們看到有很多的新創公司，憑空想像出一些需求，在這些需求之上做了很多所謂的創新，比如有人開發出可以預報天氣的智慧雨傘，可誰會打開雨傘去看天氣預報呢？這些所謂的創新，又有什麼意義呢？付出了那麼多的成本，創新出一個根本沒有什麼市場的產品，從商業的角度而言，這是極大的商業資源浪費。

在商業世界裡，所有的創新都不是憑空想像的，而是有它確切的來源，那就是使用者的需求。想要去創新，就要收集使用者的真實需求，分析使用者的真實需求，幫使用者解決他們面臨的問題，這本身就是創新的過程。

之2 使用者需求是創新的來源

我不知道所有的創新是否都來源於使用者需求，起碼在商業領域裡，所有的創新都來源於使用者的需求。這個使用者需求，可能是別人作為使用者的需求，也可能是自身作為使用者的需求。但一款創新的產品能否取得商業上的成功，最終還是要看別人作為使用者的需求。

亞馬遜CEO傑夫·貝佐斯曾說，在亞馬遜創新分為兩種，一種是顧客反向推導，以客戶體驗為起點，看看還能為他們做什麼；另一種是能力正向推導，從公司現在的能力出發，看看我們現在還能做什麼。亞馬遜的產品Marketplace（第三方電商平台）、Prime（會員服務）和Kindle電子書屬於第一種創新，而AWS（亞馬遜雲端服務）就屬於第二種。

第一種創新就是別人作為使用者的需求帶來的創新；第二種創新是自身作為使用者的需求帶來的創新。有人認為前者更容易產生漸進式創新，後者可能帶來的是顛覆性的創新。但我認為，這兩種創新沒有本質的區別，都是從使用者需求角度出發的，只不過對於需求分析和滿足的深度不一致，自然帶來的創新的程度也是不一致的。

我們看第一種創新——漸進式創新。這種創新是看使用者的表面需求，直接給出解決方案，滿足使用者他們表達出來的需求。比如使用者想要一個電子設備，可以在電子設備上看書，而且能不傷眼睛，有紙質書的閱讀體驗，於是亞馬遜做了Kindle。比如有使用者想要更好的馬車，就有企業給使用者製造了更穩、更舒服、更快的馬車。這都是對於客戶需求的直接滿足，能帶來的創新只是一些漸進式的改變。想要做更深入的創新，則要對使用者的需求進行分析，深入到使用者的本質需求，滿足使用者的本質需求，才能帶來顛覆式的創新，也就是第二種創新。

我們看第二種創新，顛覆性創新。繼續以上面提到的馬車為例，這是個經典的例子。之所以經典，是因為亨利·福特說過一句名言：如果你去問使用者想要什麼，他們會說想要更快的馬車。暫且不去討論亨利·福特說這句話想要表達的立場，但從這句話來講，使用者這麼提出他們的需求是沒有錯的。使用者能說出來的需求，肯定是侷限在他們的視野裡的、他們所能理解的東西，所以他們會提出需要更好更快的馬車。這只是表面的需求，對這個需求進行深入的分析會發現，人們想要的僅僅是馬車嗎？非也。人們想要的是更快、更便捷的交通工具，至於是不是馬車，使用者不一定那麼看重。不然，對於喜歡馬的人而言，其他的交通工具如汽車，就沒有什麼吸引力了。

亨利·福特製造出了使用者無法描述的全新的東西，那就是汽車，他滿足了使用者的最本質的需求。雖然他在研發時，只是從他自己的需要出發，未必想清楚這是人們的本質需求，但是他所研發的東西，確實是滿足了人們的本質需求，從而帶來了顛覆性的創新，把汽車帶入了人們的視野，解放了人們的雙腿，讓人們可以走得更遠。

亞馬遜的 AWS 也是類似的創新。亞馬遜從自己的需要出發做出了 AWS，而且賣得很不錯，那是使用者確實需要這麼一個東西。要知道，對很多中小企業而言，他們要做資訊化，就要建機房、購買伺服器、管理伺服器等。很多中小企業不具備這樣的能力去做這些事情。如果你要問他們需求，他們肯定會說是價格便宜、性能不錯的伺服器和簡單方便的伺服器管理等需求，深入挖掘他們的需求，則是他們只想能夠專注於他們自身的業務，對於資訊化的基礎設施，他們希望不太耗費他們的人、財、物。所以，亞馬遜基於他們自己的需求做出來的 AWS，恰好滿足了其他企業的本質需求，一下子成為成功的商業創新。如若人們不需要這麼一個東西，亞馬遜的 AWS 做得再好，這個所謂的創新也不會成功。我相信，亞馬遜肯定有很多基於內部需求做出來的產品，這些產品沒有成功，是因為沒有抓住使用者的需求。

iPhone 的創新也是如此，蘋果好像是創造了使用者需求，其實是挖掘了使用者的本質需求，創造了一個新的產品去滿足使用者的需求。我們去看 iPhone 發布會，賈伯斯在發布會上詳細地闡述了如何挖掘使用者的本質需求，如何滿足使用者的需求，創造了顛覆性的蘋果手機。

漸進式創新和顛覆式創新，本質上都是從使用者的需求出發的，它們的區別在於是滿足使用者的表面需求，還是滿足使用者的本質需求。至於是外在使用者需求引發的，還是自身需求引發的，這不是問題所在。

之3　有一種創新叫微創新

在創業領域裡，複製加微創新是保障成功的不二法門。全民創業的時代，人人都在創業，新創企業多如牛毛。這些企業不一定是複製歐美的什麼企業，也可以去複製自己國內的大企業，或者大企業的一部分業務，而後再做改良，增加一些微創新，往往是很不錯的模式，也會是投資人喜歡的專案。新創企業尋找投資，如果能冠以「某某行業的×××」，×××是指已經功成名就的企業或品牌，很容易讓投資人理解你要做什麼以及怎麼做，進一步讓人感覺創業者想得很清楚，專案很可靠。

為什麼大家如此喜好複製加微創新這種創業模式呢？因為這種模式是風險比較小的一種創新模式。

在商業上，所有的創新都源自使用者的需求。滿足使用者表面需求的，往往是漸進式的微創新；滿足使用者本質需求的，則往往是顛覆性的創新。漸進式創新，需求是明確而具象的，想要的產品也是可以想像的。產品開發和業務的推廣，也都是可以預期的，因為有可以參考的前輩產品和公司。這樣，無論是產品開發，還是業務推廣，其風險都是預期可控的。而顛覆式創新，需求往往只有本質的概念描述，想要的產品不知道是什麼樣子，需要投入大量的時間、人力、物力、財力去研究。在最終結果沒有出來之前，誰也不知道產品會做成什麼樣子，會耗費多少時間、多少成本。即使結果出來，是否真正滿足使用者的需要，也是未知的，需要進行驗證，又要面臨巨大的風險。

從商業的角度而言，新創企業往往沒有那麼多的人、財、物，沒有那麼充分的時間去應對顛覆式創新所帶來的巨大風險。最好的選擇是做漸進式微創新，快速地、換代式地做微創新，以累積出重大的創新，乃至顛覆式創新。這也是由目前的商業環境的現狀所決定的。

當然，在創業的圈子裡，我們也能感覺到，雖然現在主流的模式是從一到一百，但是越來越傾向於從零到壹的模式，因為大家也逐漸地開始重視智慧財產權保護，注重創新的作用。未來的發展，必然是要靠創新，而不是靠複製。

第5章　人企共提升，成人成事

1 企業成長也是企業創始人的成長

2 讓自己面對恐懼

3 為了企業成長，你必須要改變

4 創業是一種修行

1 企業成長也是企業創始人的成長

在開篇談我創業的緣由時，我羅列了幾個關鍵理由：賺錢、自由、夢想。這些都沒有錯，我確實想要賺錢，也確實想要追求自由，更想要實現自己的夢想。除了這些理由之外，還有一個很重要的理由就是我希望在創業的過程中獲得成長。

我有個觀念，認為人的能力，多數不是來自智商，甚至不是決定於EQ，而是由人的經歷所決定的。

一個人經歷的事情越多、越複雜，他所累積的能力越強。當然，這種經歷是要主動去經歷，而不是被動地經歷。假如兩個各方面資質差不多的人，一個在一段時間內，主動經歷了十餘件大大小小的事情，從中進行反思和總結；另一個只是在同樣的時間內，經歷了一件類似的事情，從中進行反思和總結。這兩者相比，我相信第一個人擁有的經驗和能力更強一些。這也是同班同學在工作幾年之後，會產生重大差異的原因之一。

出於這樣的理念，我想要去創業，去豐富我的經歷。我可以在創業當中遇到更多的人，遇到各種各樣的人；我可以在創業中處理更多的事情，處理各種各樣的事情；我可以在創業中見識更多的場面，見識各種各樣的場面。等一切都經歷之後，我相信我會有很大的成長和提升。我不否認智商和情商帶來的人與人之間的差異，既然自己在智商和情商上無法與人相比，那就在經歷上努力超過別人。

創業，確實可以帶給人更加豐富多彩的經歷。創業的每一個階段，都要經歷很多的事情；創業的每一個階段，都有與上一個階段很不一樣的事情。企業經歷每一個階段，就好像在打怪升級，企業創始人要隨之不斷地提升。

之1　種子階段

從一家公司打工出來，自己要當家做主，創建一家企業，創造一個專案。初始階段，創業團隊要形成產品基本概念，建構基本的商業模式，尋找合適的創業合夥人，制定初步的策略規劃，還要找到啟動資金以開始創業專案。

做全新的事情，到處都有新鮮感，讓人對未來充滿憧憬，但也要面對未來的不確定性和隨處可預見的失敗。在憧憬當中，膽顫心驚地前行。

這時候，創業團隊沒有幾個人，創始人不是什麼管理者，而是什麼事情都要做的全能戰士。不管是做產品原型，思考商業模式，還是找人組建團隊，做企業策略，或者說服人投資，創始人都要參與其中，還要做得不錯。即使有些事情創始人沒有做過，也完全不知道該怎麼做，創始人還是要硬著頭皮上，邊做邊學，邊學邊做。

之2 天使階段

專案啟動後，拿出產品的原型，有了初步的商業模式，在天使階段，就要開發出基本的產品，驗證商業模式，進行市場推廣測試，更重要的是找到後續發展所需要的資金。

在這個階段，企業創始人要做的事情更多了。

要組建具備基本部門的團隊，例如產品開發部門，這就需要創始人能夠找到足夠多的、合適的人才加入團隊。找一個合適的人就很難了，更何況要找很多，還要頂著囊中羞澀的窘境，沒有錢也要厚臉皮地當作自己有錢，至少未來夢想中很有錢，向人們兜售理念和夢想。

要開發產品、驗證模式、做市場測試，這是一系列的事情，需要不同的技能不說，最關鍵的是這是一個嘗試的過程，反覆地犯錯，反覆地面對失敗，再重新調整方向，繼續來過。你根本不知道自己做的方向是不是對的，心裡每天要承受面對再一次失敗的恐懼。

最為恐懼的是，你面臨著現金流的巨大壓力，也許你犯不了幾次錯，啟動資金就沒有了，你只能選擇關門散夥。你需要去找投資，這個時候的投資，不是種子階段的一點資金就夠了，需要的資金量比較大，投資人也相對更加謹慎，要認真地看你的產品、你的模式、你的數據，這些不夠好的話，想拿到錢並不容易。不見過十幾個、幾十個投資人，基本上拿不到錢，除非你的專案真的夠好。見投資人的過程，是受各種打擊的過程，作為創始人，要鍛鍊出足夠的抗打擊能力，以及足夠的臉皮厚度。

天使階段，是創業失敗率很高的階段。現金不多，業務也沒有起來，企業掙扎在生死線的邊緣，創始人也會糾結於堅持和放棄之間，備受煎熬。這就是成長的代價。

之3　創業投資階段

進入創業投資階段，經歷A輪、B輪、C輪等一系列輪次，企業開始逐步地成熟和穩定下來，只是之前遇到的所有的問題，一個都沒有少，甚至還會越來越多。

團隊越來越大，有人的地方就有江湖，越來越大的團隊意味著越來越複雜的人際關係，作為創始人或管理者，要平衡團隊內部的各種關係，維護團隊的穩定，帶領團隊戰鬥，這需要很強的團隊管理能力。

企業越來越大，看起來越來越成熟穩定，實則承受的風險也越來越大。在團隊小的時候，只需要很少量的現金即可維持運作，現在就需要龐大的現金。這些現金一方面來自產品推廣銷售，另一方面來自融資。不管哪種，都要創始人有能力維持健康的現金流，這給創始人帶來很大的壓力。一不小心某個環節出現了問題，就可能導致企業休剋死亡。這些年常聽到的C輪死，就屬於這種情況。

隨著企業的發展，創始人要更加清楚在不同的階段自己的職責所在，例如在策略上的勤奮，為公司站台，找人找錢，等等。不能越俎代庖，更不能對自己的職責不清楚。這些事情，要創始人掌握更多新的技能，要創始人跟隨企業繼續成長。

之4　首次公開上市階段

如果真能夠到首次公開上市（IPO）的階段，創始人要掌握的，就不僅僅是企業具體的業務和管理了，還要掌握公開上市所需要的金融的知識，處理和平衡更加複雜的企業內外部的關係，更要背負起企業持續盈利的壓力。企業越來越高，責任也越來越大，要求企業的創始人能力也要隨之越來越高，掌控力越來越強。

企業的創始人是企業的天花板，企業創始人所能到達的高度，往往是企業能到達的高度。

企業的成長，有不同的階段，對企業創始人有不同的能力要求，企業的成長也就是企業創始人的成長。

2 讓自己面對恐懼

成長的煩惱，是每天都會遇到新的東西。面對新的東西，有新鮮感帶來的興奮，更有未知帶來的恐懼。

如果只是個人成長的話，隨時可以放棄，可以逃避。如果帶領一個團隊一起成長的話，你沒有什麼可逃避的，你要為身後的團隊擔負起應盡的責任。創業中，我有時候會想，究竟是我的團隊在為我工作，還是我在為我的團隊工作？很多時候，說不清究竟是誰為誰工作。

我有個朋友創業，大老遠從外地跑來融資，立志不拿到投資絕不回去。我被他的決心所感染，跟他一起做了一件我們都沒有做過的事情。

某天晚上，我跟他一起參加了一個有著名投資人參加的活動。在這個活動之後，我們就一起圍追堵截這位著名的投資人，爭取跟他建立聯繫，有機會約談，以獲取一絲被投資的可能。

活動過後，我跟這位朋友一起喝酒吃燒烤、聊天。說到參與這次活動的事情，這位朋友說，在以往他不會想像到他自己會做圍追投資人這樣的事情，你不知道被圍追的投資人對你會怎麼反應，你也不知道別人會怎麼看你，這是多麼尷尬、多麼丟人的事情啊！這些原本只是在別人的創業故事裡看到，等到自己創業了以後，居然也做了這樣的事情。沒辦法，為了自己的創業夢想，為了身後的團隊，即使是自己不喜歡做的，即使是自己害怕的事情，該做還是要做的。

對此，我也深有同感。創業之後，有很多我原本害怕去做的事情，也不得不直接面對。例如，我其實是一個有些內向的人，很害怕與陌生人打交道，尤其是跟陌生人透過電話談業務。在上班的時候，我會盡量避免透過電話跟陌生人談業務，總能找到很多方法去逃離。等到自己創業以後，創始人作為最大的業務員，就不得不硬著頭皮，面對自己內心的恐懼，去跟各種陌生人談業務。慢慢地，我發現自己還算比較擅長做這些事情。

在創業當中，創業者會隨時面對各種自己以前沒有做過的事情，或者是以前不願做的事情。為了自己的夢想繼續前行，為了身後的團隊能存活下去、發展下去，創業者不得不放棄自己內心的那點兒矜持和自尊，面對各種未知的恐懼，去做自己沒有做過的事情、去做自己不願做的事情、去做自己不敢做的事情，乃至去做自己可能做不到的事情。這可能也是創業者的職責所在，你不可能自己不去面對恐懼，而讓你的團隊去面對。

恐懼這件事情也沒有什麼大不了的，見多了、做得多了，也就能夠找到面對恐懼的方法。

我從我個人的經歷中，總結了一些面對恐懼的方法，以供參考。

(1) 嘗試著觀想，觀想自己每一時刻的狀態。這是所有方法的第一步，因為自己知道自己在恐懼與害怕時，哪些應對的方法才可能奏效；一直陷入其中而不能自我覺察，就不可能想得出任何方法，就更不用說去應用了。觀想的練習方法，我覺得有效的還是冥想。

(2) 當感到自己在恐懼或逃避時，問問自己究竟在害怕什麼；在事情當中，當覺察到自己在害怕的時候，就問問自己究竟在害怕什麼，又在逃避什麼。深入挖掘自己恐懼的緣由，當給出自己一個答案的時候，常常會發現沒有什麼是令自己真正恐懼的，自己只是莫名被一種恐懼籠罩著；有些時候，是有些東西讓自己害怕，那就尋找方法去面對這些東西，或者想想事情的最差後果，如果可以接受就勇敢向前。

(3) 不要太關注自己、過於以自我為中心。就我個人恐懼的情形而言，多數是自己太過於關注自己、關注別人對自己的看法，也就是太過於以自我為中心，總以為自己表現得很差時，別人就會怎樣怎樣，自己又怎樣怎樣。一則，我們沒有那麼多觀眾；二則，別人怎樣，並不能真正影響自己。放開自己、放下自己，專注於自己的事情，往往會有很好的表現。《心經》說：心無罣礙故，無有恐懼。有句話說：要臉就是不要臉，不要臉就是要臉。這些話都是同樣的道理。

(4) 勇敢不是不恐懼，而是恐懼之後依然可以堅定前行。恐懼在所難免，那就面對這些恐懼，接受這些恐懼。如同接受真實世界和真實自己一樣，接受自己在恐懼、在害怕，就會產生一種勇敢的力量。當自己害怕的時候，告訴自己：「我就是在害怕，那又怎樣」，坦然問出來後，發現恐懼也是人之常情，沒有什麼大不了的。接下來，就可以考慮如何面對恐懼，繼續前行的事情。

從創業的角度來看，上面的幾個方法中，最為核心的是要放下自我，讓自己有一顆公心。一心為公，其內心是無比強大的。

投天使投資人王剛說：甲板下面的那塊鋼板承受力最大，這塊鋼板就是CEO。CEO是能夠跪著活下去的。沒錯，為了企業能夠生存下去，CEO要能夠放下自我、自尊，面對創業路上的一切恐懼，尋找各種活下去的可能，哪怕是跪著。

3 為了企業成長，你必須要改變

隨著企業的成長和改變，創始人也要隨之成長和改變。創始人的成長和改變，不僅僅是技能方面的提升，還包括內心和外在的全方面地成長與改變.

之1　為了企業改變你的外貌

我原來穿著很隨意，因為比較胖，特別喜歡穿寬鬆的休閒服裝，只要有可能的話，就盡量穿舒服的鞋子，比如厚底的大拖鞋。我生性也比較隨意，對於衣服材質、品牌沒有任何的偏好，只要不成為一個移動廣告牌就好。可以想像，我就是一副不修邊幅的形象。我一個人的時候，這些還無所謂，當我代表了一家公司的時候，再以這種外貌出現就不合適了。

現在，再出現在任何的正式或非正式的商務場合，我盡量讓自己穿著打扮得專業一些。正式見客戶的時候，會以正裝的形象出現，雖然我從內心裡非常討厭穿正裝。非正式的場合，也要在衣著裝扮上花些心思，選擇與要參與場合相搭配的穿著，最起碼要讓人看起來有精神，能夠融入人群當中。在穿著的選擇上，也不再是隨意挑選，而是選擇那些有品質、有品牌的服飾。所有的一切，都是要讓自己看起來能與自己的企業相稱，自己不再只是一個人，而是隨時代表企業的形象。

之2　為了企業讓自己面對失敗

創業就是一個不斷犯錯的過程，錯誤隨時出現，失敗也可能隨時出現。作為創業者，為了企業，要讓自己面對失敗，不斷承受失敗的打擊，並一次次地站起來，尋找繼續前行的道路。

創業者可以承認失敗的事實，但不能接受失敗的結果。創業者的字典裡，本不應該有「失敗」兩個字，有的只是「沒完成」。一件事情，我們沒有完成與我們做失敗了，這兩句話表達的意思是不一樣的。事情沒有完成，是個臨時的狀態，意味著我們去做這件事情，不斷嘗試，現在還沒有實現目標，還要繼續前行，直到把事情完成了。而事情做失敗了，意味著一種最終的狀態，這是最後的結果，透露出我們接受了這個失敗。不到山窮水盡，不到無路可走，創業都不是失敗，只是沒有完成。

為了企業的成長，創業者要面對失敗，改變對失敗的觀念，絕不接受失敗，只認可事情我們暫時沒有完成，我們排除了幾條走不了的道路，我們有更大的機率尋找到走下去的路線。

之3 為了企業克服自己的惰性

一個人的時候，想怎樣都可以，承受結果的也只是一個人，自己只要對自己負責就好。帶領一家企業，就要為整個企業負責。很多自己不喜歡做的事情、不願意做的事情，為了企業的發展，該做的還是要硬著頭皮做下去。很多自己的壞習慣，如懶惰、自由散漫、拖延拖沓，都要去改變。因為你的表現，不再是一個人的事情了，而是整個團隊的事情。

事實上，一旦你站在了企業的位置上，你自己的行為就會發生變化。你很清楚自己的位置，你很清楚自己的責任，你對夢想的渴望，你對團隊的責任心，推動著你自然而然地克服自己的惰性、約束自己的自由散漫、改善自己的拖延拖沓，跟隨團隊一起成長、變好。

人的潛力都是無限的，只要能夠找到讓你發揮潛力的地方。

之4 為了企業放下自我

我見過很多的創業者，在創業之後，基本上沒有自己的生活，也可以說創業就是他們的生活。有人總結一句話：創業也是一種生活方式。不管它對錯，創業需要全力以赴，創業需要有一顆公心，創業需要創業者放下自我，完全融入企業這個集體當中。

不管是改變自己的形象，還是面對失敗，以及克服自己的惰性，在創業當中，創業者都要把內心的那個自我放到最小最小，用一顆企業的公心去處理所有的事情。隨時隨地考慮的都是企業集體的利益，想的念的都是我們。

創業者要放下自我，把自己融入企業當中，隨著企業的成長，創業者也不斷地提升和蛻變。對創業者而言，創業就是一種修行。

4 創業是一種修行

有年輕的朋友曾問我：如何去提升自己？

我對他們的回答是：不要去看什麼自我提升的文章，也不用去參加什麼自我提升的培訓，這些東西沒有用。你只要找到一件你想做的事情，把這件事情做成、做好、做到極致，在這個過程當中，你就獲得了最大的提升。

事情有多少，具體是什麼事情，這沒有關係，重要的是專注於一件事情，把一件事情做深、做透、做到極致。大道至簡、大道相通，一件事情由技的層面做到道的層面，一道通，道道通。

我所選擇的這件事情就是去創業，我努力地把這件事情做成、做好、做到極致。雖然距離最終的目標還很遠，沒有關係，我會盯著這個目標，堅定不移地走下去。

在這個過程中，有時候會因取得一時的成功而沾沾自喜，有時候又會因前途未卜而困惑迷茫，有時候會因成績卓著而自信滿滿，有時候又會因失敗損失而沮喪灰心……

創業旅途，總是在起起落落、分分合合、悲悲喜喜間肆意地切換，你永遠不知道下一刻會面對怎樣的事情，又會是怎樣的心情。

這是一種磨煉，磨煉我們的性格，磨煉我們的內心。隨著企業的成長，我們也隨之提升，性格變得更加完善，內心變得更加堅強。到某個時候，我們眼前波濤洶湧，我們內心卻可以平靜如水，寵辱不驚。我們會成為更好的自己，我們追逐最好的自己。

創業是一場旅行，創業也是一種修行。

Start your own business

電子書購買
爽讀 APP

國家圖書館出版品預行編目資料

初創到成熟，從零開始打造億萬企業：創事紀！創業從 0 到 1，Fire 老闆，不再當「細漢」 / 侯群 著 . -- 第一版 . -- 臺北市：沐燁文化事業有限公司 , 2024.07
面； 公分
POD 版
ISBN 978-626-7372-70-8(平裝)
1.CST: 創業 2.CST: 企業經營 3.CST: 企業管理
494.1 113008679

初創到成熟，從零開始打造億萬企業：創事紀！
創業從 0 到 1，Fire 老闆，不再當「細漢」

臉書

作　　者：侯群
發 行 人：黃振庭
出 版 者：沐燁文化事業有限公司
發 行 者：沐燁文化事業有限公司
E-mail：sonbookservice@gmail.com
粉 絲 頁：https://www.facebook.com/sonbookss/
網　　址：https://sonbook.net/
地　　址：台北市中正區重慶南路一段 61 號 8 樓
8F., No.61, Sec. 1, Chongqing S. Rd., Zhongzheng Dist., Taipei City 100, Taiwan
電　　話：(02) 2370-3310　　傳　　真：(02) 2388-1990
印　　刷：京峯數位服務有限公司
律師顧問：廣華律師事務所 張珮琦律師

定　　價：450 元
發行日期：2024 年 07 月第一版
◎本書以 POD 印製